《高保真音响》系列丛书

高保真音响

HIGH FIDELITY PLUS 1

《高保真音响》
编辑部 编

附赠音乐CD

人民邮电出版社
北京

图书在版编目（CIP）数据

高保真音响Plus1 / 《高保真音响》编辑部 编. -- 北京 : 人民邮电出版社, 2018.9（2019.1重印）
（《高保真音响》系列丛书）
ISBN 978-7-115-48634-9

Ⅰ. ①高… Ⅱ. ①高… Ⅲ. ①高保真音响 Ⅳ. ①TN912.271

中国版本图书馆CIP数据核字(2018)第123992号

内 容 提 要

“高保真音响”是我国音响音乐领域具有深厚影响力的品牌，自该品牌创立 24 年来，一直深耕于国内外高端音响与高雅音乐文化行业，为广大音响音乐爱好者以出版物、新媒体和线下活动为主的形式提供全方位视听服务。

本书是“高保真音响”2018 年推出的第一季出版物，设置了挚诚之荐、潮流之声、视听盛宴、爱乐者说等精彩内容，让读者能通过本书品鉴顶级名机，掌握流行 Hi-Fi 器材资讯。在本季内容中，我们以有源监听音箱为专题，深入解读音响世界中的高品质监听音箱。

本书内容丰富、图文并茂、观点鲜明，非常适合音响音乐爱好者阅读。本书附赠高保真音乐光盘，使读者在阅读的同时，能够一饱耳福。

◆ 编 《高保真音响》编辑部
责任编辑 房 桦
责任印制 彭志环
◆ 人民邮电出版社出版发行 北京市丰台区成寿寺路 11 号
邮编 100164 电子邮件 315@ptpress.com.cn
网址 http://www.ptpress.com.cn
北京虎彩文化传播有限公司印刷
◆ 开本：787×1092 1/16
印张：10 2018 年 9 月第 1 版
字数：302 千字 2019 年 1 月北京第 2 次印刷

定价：89.00 元（附光盘）

读者服务热线：(010)81055339 印装质量热线：(010)81055316
反盗版热线：(010)81055315
广告经营许可证：京东工商广登字 20170147 号

编委会

前言

新面貌的《高保真音响Plus1》姗姗来迟，这是《高保真音响》2018年以按季出版方式呈现的第一期，我们希望携手24年来陪伴与支持《高保真音响》的众多读者，一同在《高保真音响Plus》崭新的平台上继续爱音响、爱音乐、爱生活。

我们与读者身处的音响行业是一个蓬勃发展的行业。互联网发展带动音响企业、媒体等业界各方跨界融合，音响市场上的新思维、新模式、新平台，为音响产业提挡加速，注入新动能、新力量。

随着国内外专业音响技术水平不断提高，产品制造日趋完善，音响产品更加趋于智能化、网络化、数字化和无线化，音响产品与智能设备、高科技材料、艺术文化跨界融合，正在为人们带来不同以往的全新音响体验。

新时代的汽笛已经拉响，众多媒体都在这趟疾驰的列车上高歌猛进，《高保真音响》也将求新求变、大步向前、用心甄选、精心策划，深深扎根于音响一线，寻找更加符合读者需要的内容，网罗新知、海纳百川，全媒体多方位发展。

我们要对一直支持和喜爱《高保真音响》杂志的读者说一声感谢，同时，也希望改版后的《高保真音响Plus》能够为大家带来更多精彩。

《高保真音响》编辑部

HIGH FIDELITY

CONTENTS

挚诚之荐

MrSpeakers ETHER C FLOW 封闭版耳机

爱乐 / 推荐

今年笔者试听了无数耳机，不过比较符合本人审美的，这款ETHER C封闭版当仁不让地排在了第一位。不仅因为它的价格相对合理，碳纤维壳子的颜值也得到了加分，主要还是声音比较符合我的口味。ETHER是相对好推的耳机，容易出好声，厚度极佳，深邃、有味道，密度也很大。ETHER的速度适中，没有特别犀利，低频响应也非常好，不过这也跟它的风格有关，不怎么喜欢急着表现出来，都融合在音乐之中，默默贡献着力量。ETHER的最大优点，也是我最喜欢的地方，就是擅长营造画面感，它的音场形状很好，尽量在面前展开丰富立体的音乐线条，那种强烈的纵深不知道是如何营造出来的，别忘了这竟然是一款封闭耳机！用这款耳机听古典音乐真的太过瘾了。

CARY AUDIO AIOS 一体机

爱乐 / 推荐

这是一款功能相当丰富的一体机，集数播、界面、解码、前级、功放于一体的超级一体机，声音也不错，价格也合理，功放模块驱动力相当良好，性价比很高，样子也很好，不像以往的CARY那样四四方方的很传统的样子，是一款不可多得的好产品，尤其适合不是很想折腾又有一定要求的朋友。有这么一台机器在手，就省了好几对信号线和好几根电源线呢。听感总结如下：AIOS的声音比较耐听、细致、轻盈，形体感也很好，无论解码还是后级，大体都是这个风格，整体比较平衡，有气度，够从容。

意大利毒狮 EXELION HARMONIA Due 书架音箱

爱乐 / 推荐

这是一个大家不是很了解的音箱品牌，旗下产品线比较齐全，我个人推崇其中的HARMONIA系列，采用蒙多福气动高音，声音相当漂亮，甜美、水润，没有极强的冲击力，十分耐听。它的素质非常高，三频均衡，解析力很高，尤其有着非常华丽的高频，结像相当好，听器乐、女声非常舒服，甚至大动态都没有失控。同时也很好推，我们曾经用平价的君子合并机来驱动它，都可以得到很满意的声音。在调整听音室的声学环境时，这款箱子用仪器测量竟然可以得到极其平滑的频响曲线，令人震惊。同时，它的样子也很好看，工艺优良的钢琴漆、亮眼的高音单元、扎实的做工，都有着高级书架箱的底蕴。对于这款音箱，我愿郑重推荐。

爱乐推荐

美国 CARY DAC200TS（升级原生 DSD256 模块）
郭宸宸 / 推荐

其实 DAC200TS 不算 CARY 的新产品了。作为眼下为数不多坚持在美国本土制造，又要维持实惠价格的 Hi-End 音响品牌，CARY 正忙着推广它们的多功能数码播放器，比如此前因为同时支持 MQS、DSD512、SD 卡 / 硬盘直读播放和 Wi-Fi 无线网络播放功能而大红大紫的高端数播 DMS-500。不过作为骨子里还是有点“严肃”的 Hi-End 小厂，CARY 也没有忘记自己的传统产品。DAC200TS 是 CARY 旗下唯一在产的独立解码器，配置上也是以高性价比著称。13kg 的重量 4 块 AKM4490 芯片并联的解码电路、模拟部分的 DIO（电子管 / 晶体管输出电路可以各自独立工作）输出，以及双 R 型变压器 + 电子管独立供电的电源供应配置，更兼独有的 128bit 数字处理技术，能够对原始文件进行 32bit/768kHz 的升频再进行播放……如此豪华的阵容即使对垒售价高出两三倍的对手也丝毫不落下风。不过相比最新的解码产品，刚发布时的 DAC200TS 在文件格式的支持上却有短板。当时，它的 USB 接口和数字处理电路只能支持原生 DSD128 规格（采样率 5.6448MHz）的 DSD 格式音乐文件，如果高于 DSD128 怎么办呢？机内是通过 DoP(DSD over PCM) 的方式处理的，不过这样一来，相信原生 DSD 才是王道的发烧友们就不买账了！好在 CARY 的设计师具有不同于多数其他欧美大厂的勤劳，2 年的产品还不忘进行一次中期升级。DAC200TS 最新售出的几个批次已经更换成支持原生 DSD256 硬解码的接口卡，并且进行了相应的软硬件升级。而此前通过正规渠道购买 DAC200TS 的用户则可以凭销售发票等依据联系当地代理商申请对设备进行返厂升级。应该说，这台本就是以超高性价比闻名的为数不多的电子管输出解码器，一旦支持了原生 DSD256 硬解码，也算是如虎添翼了！

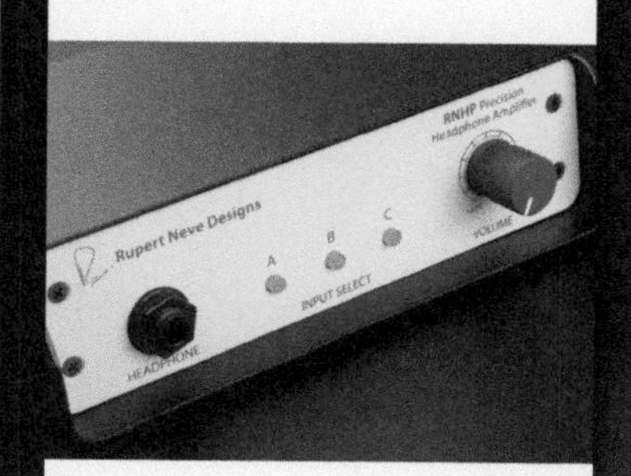

NEVE RNHP 耳机放大器
郭宸宸 / 推荐

笔者以前一直觉得欧美 Hi-Fi 名厂做什么都好，就是别做耳放，因为这些把大箱子、大功放玩得“贼溜”的家伙们，一旦做出耳放，要么售价飞上天，要么声音掉在地上，于是我们经常听到的神奇耳放都来自那些多少有些冷门的厂子，直到 Rupert Neve Designs 忍不住发布了他们的耳放。

这是录音界传奇音响工程师 Rupert Neve 先生 2005 年启用的新品牌。RNHP 耳放是 2016 年 5 月发布的该品牌下的一款小型的桌面耳放，其前身据说来自 Neve 设计的著名的 5060 调音台，而 5060 调音台则发展自业界标准级的模拟调音台之一，大名鼎鼎的 5088——简单点说，就是某张让你欣赏不已的唱片，其实可能就在 NEVE 的调音台上完成的。毕竟调音台上的耳机输出模块的品质对录音室来说太重要了。如果它们不能准确地还原音乐的细节信息，那就很可能影响唱片的制作质量。正因为 5060 这个“小家伙”有着超乎寻常的全面表现，当然最关键的还是它 5000 元不到的价格相对实惠，体积也很小巧，即使是在拥挤的学生宿舍也但用无妨。

Linkwitz LX mini 高保真无线/有线两用音响系统
421/推荐

一些熟悉音响DIY技术的发烧友大多会知道发明了Linkwitz-Riley分频滤波模型的前惠普科技（现在的安捷伦科技），著名的德裔声学测量技术专家Siegfried Linkwitz（齐格弗里德·林柯维兹）建有一个Linkwitz Lab网站，兜售他设计独特的、采用linkwitz专利电子分频技术和AB类模拟放大技术制造的障板音箱或者360°全向发声的音箱系统DIY套件，包括旗舰级的LX521系列、Orion系列和尺寸适合一般家庭应用的LX mini系列以及PLUTO系列。不过人们可能不知道的是，由于Linkwitz 先生年事日高，他也在谋求全线产品的精品化成品。第一个产品是诞生较早的PLUTO音响系统，2015年由北京海趣科技引进到国内，虽然用户增长迅速，却因为售价相比DIY套件高出许多而遭到一些评论界人士诟病。此次Linkwitz带来了第二款以其亲笔书写的本人姓氏作为品牌的产品——LX mini，相比售价已涨到近5万元的PLUTO，LX mini预计发布价格会便宜不少，原因在于采用了高科技合成材料浇筑的非对称流线型箱体（PLUTO则为纯航空级铝合金整体CNC铣削的箱体，采用类似昂贵的Magic的金属箱体加工技术），并通过技术手段将电子分频器和4路独立的功放模块（高音、低音单元均由独立功放模块驱动，联合功率超过400W，类似真力、EVE等出品的有源监听音箱的驱动理念）也集成在了箱体内。体验过Linkwitz产品的人都会惊讶于它们即使在没有声学处理的普通民宅里，也有出色的360°全向声场的表现，这在传统设计的音响上是很难实现的。LX mini继承了这个特点，并且每只音箱都内置了无线流媒体播放模块，可以独立工作，也能多只LX mini联合组成无线多声道系统，符合当下市场对多声道DSD音乐播放的需求。

final Audio D8000 平板耳机
421/推荐

听说要写一篇推荐，我脑海中即刻浮现出那些记忆深刻的器材，final Audio D8000这款平板耳机一直记忆犹新final Audio D8000的外观呈现的是工业简约风格，不锈钢头梁加上ABS外壳的设计美感，低敏感纺布和海绵形成的腔体给人一种干练洒脱的视觉感受，笔者一向对这种简约考究的设计风格情有独钟。而对于音质方面，宽阔的声场是这款耳机最突出的特色，扎实的低频，解析力也毋庸置疑，喜欢的听友可以购买，绝对超值！

TECSUN V5 云播放器
421/推荐

第三个器材当然要推荐一个比较接地气的产品，那就是TECSUN V5云播放器。作为收音机厂商的德生，自从打入音响市场，可以说动作不断，陆续推出了耳机、耳放、播放器，其实先不必为德生的音响“新人”角色盖棺定论，在便携听音设备里，德生的器材确实是值得一听的。今天推荐的这款TECSUN V5云播放器，外观简约，做工考究，木纹色装饰更显大气稳重。值得一提的是，这款播放器还搭配有自己开发的App，这款App的设计非常人性化，UI简洁、易操作，连接方便，还支持语音搜索或文字输入搜索，为这款播放器加分不少。音质上，低频量感充足，不拖泥带水，中频柔和清亮，作为一款日常聆听的轻便设备，TECSUN V5云播放器确实是性价比非常高的播放器，值得推荐！

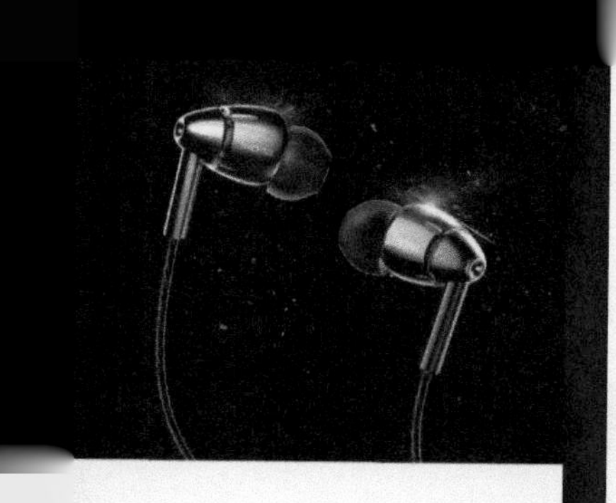

1MORE 四单元圈铁耳机
421/推荐

最后我要推荐一款1MORE四单元圈铁耳机，1MORE这个品牌在近几年很快流行起来，而且不断推陈出新，不仅仅由于周杰伦的代言，也得力于日益壮大的研发团队，而这款去年推出的四单元圈铁耳机，虽然出品不久，却一直让我印象深刻。这款耳机的外观采用了类似飞机引擎的流线型设计，铝合金打造的腔体，呈现出丽洁的钨钛色，再加以红色点缀，这两种色彩巧妙融合，相映成趣，如同有无限热情蕴藏其中，迸发出刚毅之火。这种极具美感的外观设计，绝对让人眼前一亮。介绍完外观，再来说说听感，四单元圈铁清丽的音色展现无遗，它的三频均衡，中频柔和细腻，低频量足、有弹性，高频更是有些许暖暖的音染，作为定位搭配手机使用的耳机，绝对是一款出街利器！

Campfire 的北极星耳塞
新青年/推荐

综合声音、工艺、外观，第一款要推荐的是Campfire的北极星耳塞，这是款比较新的产品，我认真把玩了挺长一段时间。推荐理由是，健康的声底和极其高明的调音风格，均衡、细腻、流畅的同时，声音美感非常突出，松润甘甜，辅以个性鲜明的外观和易于使用的Litz结构线材。它虽不是该品牌的高端产品，一圈一铁的配置也相当平实，素质也不能说分毫毕现，但确实是无法抗拒的好听和耐听，加上入门级别的价格，青年认为它非常值得购买。综合各方面，我对此款耳塞的钟爱甚至超出它家高端产品系列。

漫步者旗下
Airpulse A300 有源音箱
新青年/推荐

第二个要推荐的是漫步者旗下的Airpulse A300有源音箱。我不怕推荐这个会受质疑，我认为应该耳听为实，不戴有色眼镜，不以他人意志为转移。A300很容易得到非常均衡、自然、耐听的声音，久听不累，虽没有过多的修饰和染色，高还原度的水准依旧受到了我的认可和青睐。它具有便捷的功能设定，方便接驳家庭所有设备，不需要繁复的其他器材的搭配和艰难摆位，很容易得到理想的声音，还支持蓝牙功能，方便你轻松享受音乐，来试听室听过的朋友都对其低廉的价位和优秀的声音表示惊讶，推荐购买。

既然是推荐，我没有弄些天花板式的产品给大家看，以张扬我个人的专业水准，高性价比的产品才真正是我们所需要的，发烧固然需要达到极致，但有所取舍，轻松享受，何乐而不为？

4

业界前沿

开放之声 极致新旗舰 ED15

关键词：GTC 单元，限量 999 副

2017 年 11 月 7 日，受到全世界音乐人、乐迷追捧的德国 Ultrasone 极致耳机公司发布了最新限量版旗舰耳机——Edition 15。Edition 15 是一款顶级开放式耳机，是 Ultrasone 极致第一款采用 GTC 单元技术的耳机，也是第一款采用 S-Logic EX 技术的开放式耳机，能够完全再现人耳能听到的所有频率、重塑出真实的立体声舞台以及最细微的声音信息。Ultrasone 极致使用极好的材料——美洲樱桃木的腔体外壳、美利奴绵羊皮的头带和耳罩，用户也可选配细绒布耳罩。Edition 15 的最突出亮点是采用了金钛复合单元技术，简称 GTC。这项技术结合了黄金镀膜与钛金属球顶振膜，使得从超低频到超高频的整个频响范围内的声音都拥有极高的密度与精确度。黄金镀膜以其独特的声音特性而闻名：柔和、温暖、富有光泽，能够最大程度保证人声回放的精确，再现更多细节。在金钛复合单元的中心是钛球顶，钛金属比黄金的硬度更高，因此能为高频提供更为理想的频响特性。

Edition 15 是极致第一款采用 S-Logic EX 专利技术的开放式耳机。这是在广受好评的 S-Logic 技术上进一步改进的技术。此前该技术在封闭式旗舰级产品 ED8EX 上大放异彩，由于采用了特殊的倾斜单元设计，封闭式耳机的声场表现显著改善。在开放式的 ED15 上应用该技术，借助开放结构先天的声场优势，有望获得更接近音箱的声场表现。

Edition 15 在其顶级的声音表现下拥有优美的外观和极佳的佩戴体验。作为限量版产品，Edition 15 全球计划仅发售 999 副，为确保完美的聆听体验而在德国 Starnberg 手工制作，每一副耳机将拥有自己唯一的序列号，喜欢极致 ED 系列旗舰级开放耳机的朋友下手要趁早了！

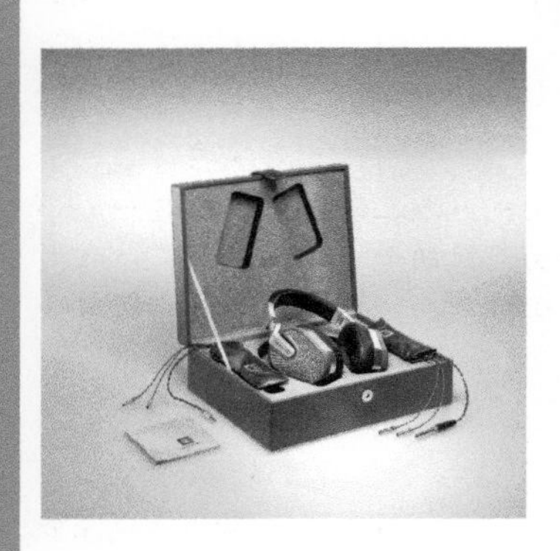

规格参数

耳机类型：开放式动圈耳机
技术特点：（1）S-LogicEX 技术；（2）MU 金属屏蔽——ULE 技术
耳机阻抗：40Ω
耳机单元：40mm 镀金钛球顶振膜，铷铁硼磁体
频响范围：5Hz ～ 48kHz
灵敏度：94dB
耳机重量：320g
原配线材：3m 四芯线、1.2m 四芯线（LEMO 接插件）

工艺 · 技术结晶 FOSTEX TH900 MK2 Sapphire Blue

关键词：波尔多漆

2016 年，FOSTEX 对自家的旗舰耳机 TH900 进行了一次升级，也就是 TH900 MK2。不过这款耳机除了对线材配置进行了调整外，从外观到核心单元都没有太大改变。尤其是耳机的外观，虽说 FOSTEX 一直坚持在 900 系列上使用昂贵的日本国宝级漆装工艺“越前漆（Urushi）”，但一来这个工艺其他日本音响品牌也在使用，并不新鲜，二来红色的配色一成不变，也有点审美疲劳，再加上新单元的调声风格在用户中也有争议。因此，时隔 1 年多，适逢第一代 TH900 上市 5 周年，FOSTEX 再接再厉，推出了一款基于 TH900 MK2 的限量版产品，该产品继承了 TH900 的“Biodyna”生物振膜和 1.5T 超高磁通密度的单元，并进行了重新调音，外表也焕然一新——使用蓝宝石色彩的波尔多漆，线材方面则继续使用 7N 铜制作，并提供多重插头的线材。特别值得一提的是，其配套限量版木制耳机架。那些曾经犹豫是否跟进升级 TH900 MK2 的朋友，现在可以考虑一下重新调音并且配色独特的新产品了！

HIFIMAN 新旗舰便携音乐播放器 R2R2000

关键词：24bit/384kHz、PCM704K、50 小时

HIFIMAN 发布了新旗舰播放器型号为 R2R2000，因研发周期长达 5 年，堪比哪吒三太子的母亲怀胎三年，获得了“太子”的绰号。型号以 R2R 开头，是因为此款播放器应用了眼下在桌面 Hi-End 市场日趋回暖的 R2R 解码方案，HIFIMAN“太子”播放器选用了原 BB 公司在桌面市场流传甚广的 PCM1704K 芯片。该芯片是 R2R 鼎盛时期投入大规模音频应用的唯一支持 24bit 的芯片，以满足 R2R2000 以双单声道模式并联使用的需求。据悉，HIFIMAN“太子”播放器外观由德国工业设计团队完成。得益于独家的单进程嵌入式操作系统，在保持了优异音质的前提下，该播放器不但体积袖珍，尺寸仅为 97.4mm×56mm×18.37mm（最薄处 12.66mm），而且极为省电，在节能模式下，官方公布的最大续航时间达到了 50 小时。

HIFIMAN 太子播放器还支持高保真的蓝牙传输功能，并支持高达 24bit/384kHz 的 USB DAC 功能，不仅可作 PC-HiFi 解码使用，还可以支持手机 OTG 捆绑，其音量电位器采用步进式架构，左右声道误差小于千分之一，保证音场完美平衡。R2R2000 单机定价 15800 元，不过 801 的老用户可以用旧机型 +10000 元的方式换购 R2R2000。

HIFIMAN

规格参数

频率响应：38Hz ～ 20kHz（+/-3dB）
灵敏度：99dB @ 2.83V / 1m
功率（持续 / 峰值）：100W / 400W
最大声压级：116dB（持续）
额定阻抗：8Ω Compatible
分频点：5.2kHz（HF）
650Hz（μF）
高音单元：K-100-TI 1 英寸（2.54cm）钛制振膜压缩单元搭配 K-79T 号角
中音单元：K-70 1.75 英寸（4.45cm）钛制振膜压缩单元搭配 K-703-M 号角
低音单元：K-281 12 英寸（30.48cm）复合纤维锥盆低音单元，KD-15 15 英寸（38.1cm）被动锥盆辐射器
箱体材质：3/4 英寸 MDF
输入接口：双接线柱 / 双线 / 双功放
高度：91.4cm
宽度：41.9cm
深度：33cm
重量：32.7kg

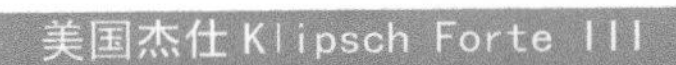

美国杰仕 Klipsch Forte III

1985 年首次推出的 Forte 音箱，一经问世就凭借着自身的出色实力迅速成了最受欢迎的 Klipsch 机型。2017 年，Klipsch 再次以 Heritage 系列音箱的名义推出了 Forte。全新的 Forte III 采用了经过升级的外观设计和最先进的声学引擎。

Forte III 采用了 3 路设计，使用了一个 12 英寸低音单元和号角加载中音和高音单元。全新的 Forte III 采用了全新的音响单元，包括能带来平滑且响应强劲的钛制压缩中音和高音单元。Forte III 所采用的全新中音号角凭借专利技术对声音覆盖率和重要的中频音质进行了改进。

Forte III 那具有出色延展性的低频声效得益于位于箱体后方的被动辐射器。具有 15 英寸（38cm）的巨大尺寸，这个超低音辐射器通过声压产生低音声效，以获得更为强劲的低频输出和延伸性。

Noble EDC Velvet——2017年推出，价位相对亲民的型号，采用5.8mm单动圈设计，音色温暖而令人愉悦。

ECT首批引进的NOBLE耳机包含以下型号

Noble Trident——最新一代的三单元耳机，在Noble的多单元耳机中属于较为基础的型号。

Noble Django——六单元设计的耳机，相对平衡的它适合大部分的音乐种类。

Noble Sage——此款耳机采用全新自家调音的单元，带来更细致的音色。

Noble Dulce Bass——又称“sweet bass”，它能够制造出动铁耳机少有的震撼低音，是目前Noble低音最强劲的耳机。

Noble Savanna——顾名思义，是为不插电（Acoustic）音乐而设计的耳机。

Noble Katana——这是The Wizard的最新力作，其敏捷性适合于不同音乐种类的全面表达，Katana采用九颗Noble自家调音的动铁单元。

Noble Kaiser Encore——此型号为大受欢迎的Kaiser K10的后继型号，不同之处在于重新调整了中音域，通透度得以提升，令音场变得更广阔，拥有10颗动铁单元，适合最挑剔的发烧友选购。

ECT（酷音韵）正式引入监听耳机品牌NOBLE

关键词：10单元动铁耳机

2018年1月1日起，ECT（酷音韵）宣布全新引入在知名发烧网站Head-Fi乃至世界各地都广受欢迎的美国入耳式监听耳机品牌——NOBLE。NOBLE由两位DIY耳机设计者所创立，他们分别是：John Moulton（以“The Wizard/魔法师”之名活跃于Head-Fi论坛）和Brannan Mason。John是一位听力学博士，而Brannan则是一位音乐发烧友及演奏家，从钢琴、萨克斯管到DJ，无所不晓。两人从2006年相识起，经多年合作，于2013年正式创建独立品牌NOBLE，公司随后快速成长。Noble Audio目前以美国加州为根据地，专门研发多款订制及公模入耳式监听耳机，他们的产品无论在设计美学上还是在音色上，在国际市场都可谓享负盛名。在定制耳机市场上，用户更是对其做工和音质赞不绝口。

飞傲发布高性价比 Hi-Fi 便携播放器

关键词：三星 Exynos 7270 芯片

2018 年伊始，飞傲推出了配置亲民的千元级便携无损音乐播放器 M7，延续了 Fiio 一贯的亲民思路，以千元级的入门机型售价提供了发烧友可以接受的良好音质表现，以及相对丰富的功能配置。M7 拥有一颗性能不俗的三星 Exynos 7270 芯片。作为首款采用三星 Exynos 7270 作为主控芯片的国产 Hi-Fi 便携播放器，在飞傲自主研发的深度定制系统下，M7 在流畅度上有了很大的提升，续航待机时间也比普通播放器强不少，甚至还有余力带来更多的功能，比如 FM 收音机。同时，它还支持 LDAC 和 aptX-HD 蓝牙传输播放功能，操控方面支持手势操作，并采用 6 层 HDI 多阶 PCB 工艺。在 M7 身上，我们可以清楚看到 Fiio 近年来的工艺和技术积累，值得正在寻找优秀 Hi-Fi 随身音源的“初烧”朋友高度关注。

Campfire Audio 首款头戴式耳机 Cascade

关键词：镀铍单元 ALO 线材 可更换调音棉

著名 Hi-End 级随身音频设备制造商 ALO 旗下的 Campfire Audio 品牌自创立以来，一直以其高品质入耳式耳机为人所乐道，而早前的型号通常以不同的星宿命名，例如：北极星、猎户座、仙女座等。不过从 2018 年起，品牌将会有不少新的发展，首先，品牌迎来第一款头戴式耳机，而命名方面，新耳机被称为 Cascade“瀑布”。

Cascade 作为品牌的第一款头戴式耳机，厂方把不少在入耳耳机中广受用户欢迎的元素带到新产品中。Cascade 采用了 42mm 的 PVD 镀铍单元，单元刚性高，令音质表现更为通透、凝聚。高音延伸性优良，同时低频控制力更佳。虽然耳机为封闭式设计，但 Cascade 仍能展示犹如开放式耳机一般的开扬声场，更难能可贵的是，你一听就能感受到熟悉的Campfire Audio风格的声音！在用料方面，为了在便携、舒适及耐用中取得平衡，Cascade 耳机的主体由铝金属精制，辅以不锈钢支架，令刚度大为提升，满足用户需要。而耳罩方面，由于使用了羊皮，不仅佩戴舒适，更提供了绝佳的隔音效果，隔绝外界干扰的同时，也不怕漏音而影响旁人。如果你想微调音色，Cascade 还附赠四款调音棉，用户可以根据自己的爱好在指定位置安装不同的调音棉，令理想音色唾手可得。而线材更是母公司 ALO 的拿手好戏，镀银的李兹结构耳机线将会让 Cascade 的音质表现如虎添翼。考虑其预期售价仅 5800 元，各位正在寻找高性价比封闭耳机的朋友可以有新目标了！HIFI

有面儿

她是你左耳的星芒。

无论你将她的璀璨理解为藏在耳朵里的亮蓝，

还是浮沉在外的深灰低调，

她的美，

都会在你的内心流淌不断，

时而平静，

即便涟漪，

波澜仍不惊。

文、图 / 新青年

左耳的星芒

是你发烧旅途的引路人

CAMPFIRE
AUDIO

POLARIS

MONT BLANC
ROYAL BLUE

R
L

本文，笔者要和大家分享美国 ALO 的新品——Polaris 北极星。

本就是极具自我风格的产物。

北极星不是夜空中最亮的星，也不需要那仰望的人心里的孤独和叹息。

不得不承认一个事情，Hi-Fi 耳塞市场火爆、新品迭出、百家争鸣、百花齐放。技术的进步，让新出的“塞子”比以前的强太多。

经常有人让我推荐耳塞，我一般只会推荐几款，QDC、Dita、HIFIMAN RE2000，推荐后很多人觉得贵，我个人认为要买就该一步到位。

今天更新一下我的推荐，加个美国 ALO 的新品北极星耳塞。玩了一个月，整体觉得其异常讨喜，且填补了一个价格区间。

当一个物件风格鲜明的时候，辨识度才高，才能彰显其本身个性。这种个性无论是大家喜欢和希望接受的个性，还是使用时能体现使用者喜好的个性，都可算作代表性，这是好产品的要素。北极星就是这么一款。

简单来说ALO的产品系，颜色和外观是区别其型号最鲜明的标志。该产品系的颜色是多样的；外观分为两种，一个是以织女星为代表的小体积、整体圆润的既视感，另一个是以仙女座领军的典型美式风格，棱角金属外嵌螺丝的工业风。

北极星属工业风系列。

ALO的外包装都是小纸盒，小巧精致，颜色各异。北极星也不外如此，是讨巧的蓝色。不要小瞧ALO对色彩的执着，要知道从色板的无穷多颜色里，找出最契合观感审美的那个不厚不薄、不鲜不暗、温和舒适且好看耐看的颜色并不简单，甚至我觉得还需要很大的运气。

选中颜色只是产品的开始，真正的难度在于加工工艺，色准的高度还原，会导致其废品率奇高，毕竟烧器材的多少都有强迫症，追求尽善尽美的ALO当然不会轻易妥协。

ALO的仙女座耳塞因其扎眼的外观早已被众人所熟知，亮点一就是那“原谅色”，宾得相机的那种绿，所以不要奇怪为何无数人为之倾倒。腔体上有三颗螺丝，这也是ALO此系列的标志。经常和我做耳塞的业内朋友提起仙女座，并建议他多借鉴其成功思路，朋友每每听我说这事往往就会不屑一顾，说这种浮夸的配色和螺丝钉的设定太过聒噪，不够高雅、低调，我也只好作罢。

外观审美就和听音观一样，说不上谁高谁低，全是个人喜好。

在网上看到很多关于ALO耳塞设计感和颜色（甚至包括包装盒的颜色）方面的评论，发现受众人群对该产品的理解上两极分化比较明显，有人觉得不能再漂亮了，也有人觉得实在是太丑了。无论如何，我是赞同把耳塞做成这种有鲜明特征的，好看、难看放一边，很有特点，很容易被记住已极为难得。

北极星继承了ALO独有的整体外观风格，在配色上有不小的改动，且纵观全系产品都算独树一帜，双色——深石灰水泥板色+亮蓝。深色部分采用了与很多枪械相同的CeraKote陶化覆膜技术，具备非常良好的表面耐高温、耐磨损性能。亮蓝色部分是金属阳极氧化覆膜，所以戴在耳朵上不仔细看很是低调，仔细看会不经意瞥到其内在的亮蓝，典型的低调内敛型。

回想初识ALO，声音给我留下的印象其实是异常尴尬的。记得很清楚，第一次接触的就是仙女座，当时还没有大红大紫般大卖。虽说设计风格印象不错，但一直没有为其发声的原因，是我初次接触它就强烈抗拒其声音风格。当时记不清搭配了什么播放器，听了一下马上摘下来，觉得过于刺激，惯性地没再认真接触过该品牌的产品了。

直到这次仔细把玩北极星，终一入ALO“毒海”便万劫不复。我认为北极星是当下这个价位最值得购买的产品。

◇一圈一铁设计。8.5mm动圈单元，动圈单元结合专利技术Polarity tuned chamber（通俗点说，就是通过3D打印技术改进导气孔空气流动提升低频听感）。

◇ Teac技术3D打印高频动铁单元导管，可改善高频表现。

◇大名鼎鼎的LITZ结构纯铜线材，MMCX标准接口。

从声底来讲，北极星一圈一铁的设计，得益于良好的专利技术加持，尽可能地将单元素质发挥到极限，就其密度、解析力而言，如果非要和多分频多单元的耳塞来比，可能会稍显逊色，但良好调教下的北极星，所谓的逊色，也并不是特别明显。在声场、结像、定位、动态、细节、延展这些硬指标方面，可以说在所有耳塞中达到中高层次水准。但厉害的还不是这些。

如果说大家喜欢用松、润、甜来形容高级音响设备，那就可以不用吝啬地用这三个字来形容北极星的调音。

如果说中音甜、高音稳、低音劲是发烧友所折腾的目标，那这三组词，就是对北极星极具 Hi-Fi 性调音的最贴切形容。

这一点都不夸张。

流畅的三频衔接和良好且不过分的两端延展，加上温润的声音走向，辨识度极高的中频甜味，充满空气感且泛音十足微华丽的高频，以及质、量、下潜、弹性兼备的低频。最后就是良好的 Hi-Fi 性带来的强烈的音乐包围感（或者说氛围感）了。

喜欢听古典的朋友，北极星会给你足够的氛围，但请不要苛求极限的硬素质。如果是听摇滚的朋友，那我感觉北极星不够刺激，可能无法很好地满足听感要求。

自打结识北极星后，私底下我在展会把 ALO 的耳塞认真听了个遍，悄悄说一句，再让我选，我还是会选北极星，无论外观还是声音，无论性价比还是缘分。

不过，下面我还是要说三点对北极星的希冀。

（1）腔体大小对我来说刚刚合适，但因为有棱角，时间长了（两个小时左右）会有些许硌耳朵的不适感。

（2）北极星的金属丝塑形耳挂如果换成胶管热塑形的话，可以极大提升使用体验。这点应该是当下实现起来最现实的。

（3）北极星使用久了，阳极氧化的颜色膜是会磨损脱色的。

瑕不掩瑜，北极星在我心目中是这个价位的极品塞和不二之选，毫无疑问。

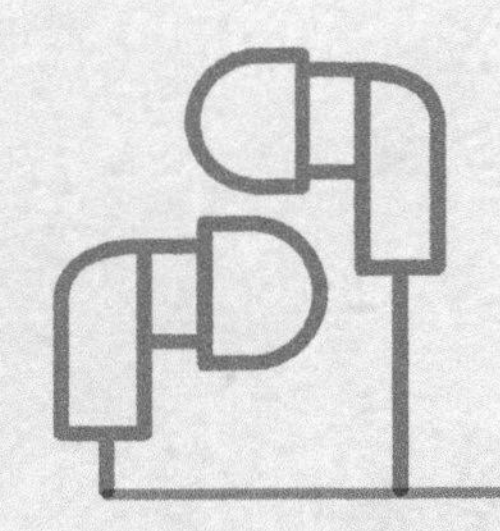

至于我为什么起了个这样的标题，我想表达的是：

如果你对声音的认知还不够明确，比如不太理解声底硬素质到底怎样才算是一个很不错的水准，再比如还不太理解所谓的顶级调音风格和器材调音的 Hi-Fi 性是什么，那我相信，北极星，可以作为你深刻理解发烧声音的最好介质，引你走向正确的“发烧”之路。HiFi

她是你左耳的星芒。

无论你将她的璀璨理解为藏在耳朵里的亮蓝，

还是浮沉在外的深灰低调，

她的美，

都会在你的内心流淌不断，

时而平静，

即便涟漪，波澜仍不惊。

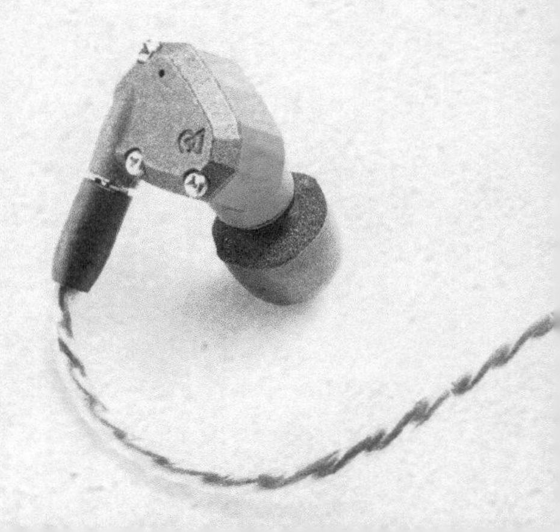

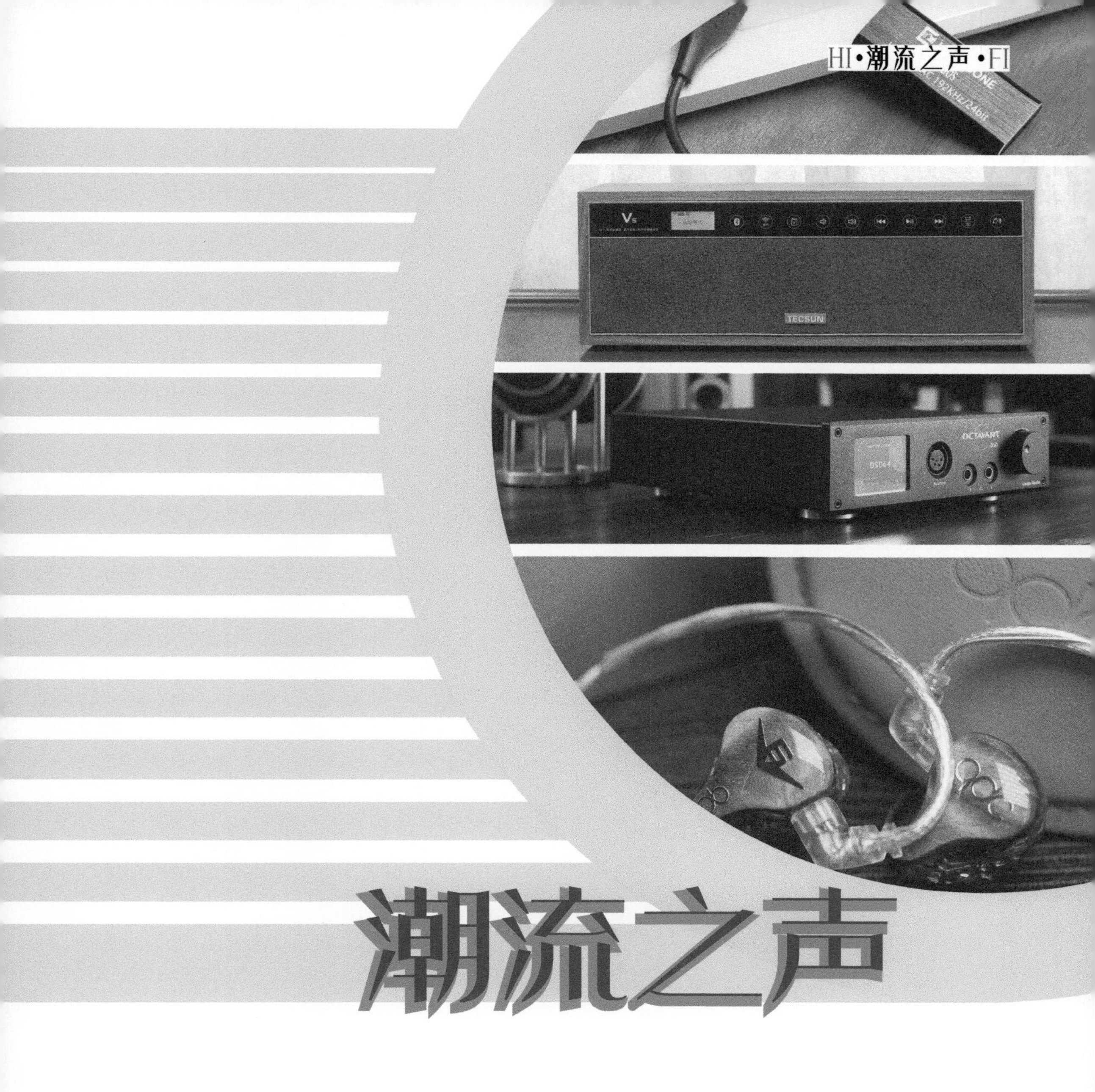

潮流之声

与音符一同感受幸福
铁三角ADX5000养成记

文/流氓才子

2017年底，在高端耳机市场沉寂许久的日本铁三角，忽然宣布了新品旗舰动圈耳机ADX5000的诞生。这是个顺理成章却也有些意外的消息。顺理成章的是，2017年是铁三角成立55周年，推出具有纪念意义的高端耳机产品已在业界的预期之中；而意料之外的是，为此推出的产品并非一直以来的颜值担当W（wooden）木制系列，而是看似熟悉却又陌生的ADX系列。

日本方面的消息公开不久，国内的发布会便于2017年12月1日在广州番禺正式召开，旗舰ADX5000如约而来。而就在2017年11月底，ADX5000刚在日本国内拿下了VGP2018耳机双冠大奖，发布会结束后没几天，ATH-ADX5000就“马不停蹄”地再夺《Stereo Sound》Grand Prix 2017耳机部门推荐奖、HIVI BESTBUY推荐奖、MJ Technology of the year 2017年度推荐奖等多项大奖，吊足了只见其形未闻其声的大多数国内耳机玩家的胃口。本人有幸参加了国内的发布会，也因此成为国内第一个ADX5000玩家，谨以此文，分享和记录一些过程中的心得。

大概第一眼看到ADX5000外形的玩家都会惊叹一声：它怎么长得这么像2015年发布的专业用开放式监听旗舰R70X？仔细一看，两者最大的相似点应该只有蜂巢型的冲孔机壳。作为曾经的R70X用家，不难发现ADX5000比起前者要足足大上两圈，这个差异源自于ADX5000用上了近年来最大尺寸的振膜——直径长达58mm的障板一体型驱动单元。要知道5年前，铁三角50周年纪念款W3000anv耳机的单元尺寸也不过53mm，别看从53到58似乎没有太大变化，但论及振膜面积，ADX5000足足比W3000anv增加了接近20%。耳机同音箱一样，口径越大的单元，声音表现上的低失真优势越明显。

优势和困难并存，与发声优势共存的便是驱动需求和振膜材料上的设计难点。这一点上，耳机和音箱继续保持一致，因为单元面积越大，空气阻力也就越大，这样不但对前端的驱动力和控制力要求进一步提高，同时也要求制作单元的材料必须具有更好的刚性、弹性和形变的一致性。其实，近几年高端动圈耳机的市场上，各大品牌都不谋而合地在这两个技术难点上进行研发和突破。对于单元控制力的提升，玩家耳熟能详的便是德国拜亚动力宣传的特斯拉单元，通过增加单元内部的磁通量密度去加强控制力，而在制作材料的改善方面，大家一定不会陌生的便是从音箱行业入侵耳机市场的法国 FOCAL 乌托邦，其采用的金属铍镀层使得振膜在轻量化的前提下保持强大的刚性。而此次 ADX5000 发布时也围绕这两块内容祭出了对应的“黑科技”，其中之一便是选用了产自德国的波门杜尔铁钴合金制作磁力回路，并且第一次在高端耳机身上采用了高阻的设计，阻抗达到 420Ω。另一方面便是为了提升振膜的刚性，采用了业界第一例金属钨镀层，没错，就是制作灯丝的那个金属钨。

如前文所言，由于耳机振膜必须做到很薄，天生强度便不如音箱的单元，因此克服极限只有在振膜材料和镀膜材料上做文章，铁三角其实在近几年的产品中，一直在改进应用各种振膜镀层，与 ADX5000 同期发布的 MSR7SE 限量版，便采用了这几年已经很成熟的 DLC 类金刚石碳纤维镀层振膜，而 ADX5000 大胆采用的竟然是钨镀层，要知道金属钨虽然硬度极高，是制作镀膜的理想材料，但钨的熔点也高达 3400℃，需要怎样的技术才能将金属钨汽化后镀

到振膜表面呢？发布会上，铁三角公司虽没有透露细节，但也坦诚相告，他们是通过收购了日本国内一家专业镀膜公司才攻破这个技术壁垒的，妥妥的黑科技。

除了外形和公开的技术参数，产品型号可能也是玩家所关注的焦点，不同于以往的AD空气动圈系列耳机，ADX5000是采用空气动圈技术的新旗舰耳机，隶属于新系列ADX系列，这个系列和AD系列命名相似，但是共同点仅仅是都采用了空气动圈技术，从系列的定位上，ADX系列高于AD系列，并且，X的另一个含义是可以换线，ADX5000是该系列第一款产品，是目前铁三角开放式的旗舰产品，但是从铁三角一贯的1、3、5、7、9的命名方式来看（其实SONY也喜欢这样），5000这个可上可下的命名定位很符合新系列产品的出场人设。在发布会现场的互动环节中，工程师在介绍的时候也为玩家们预留了充分的想象空间，表示今后既有可能继续推出高端的ADX7000或者ADX9000，也可能会在5000的基础上推出一款下探产品线的耳机，例如ADX3000什么的，吊足了观众的胃口。

拿到国内第一副落入寻常百姓家的ADX5000，本人起初的心情必然是欣喜的。然而新耳机开声之后，感觉却并没有达到自己的预期，因为其声音表现并不如发布会上的那副，显得比较拘谨，放不开，笔者猜测“煲”一阵应该会有所改善（补充一下，用各种镀膜加强振膜刚性，虽然能够降低失真度，但是也同时让单元本身需要更久的“煲机”时间），于是笔者毫不客气地将耳机不间断地大声压“煲”了近100小时，再次戴上它的时候，听感明显松弛和丰富了很多。这才放心继续接下来的聆听。

围绕 ADX5000 试听的系统是以 CHORD DAVE 为核心的，数字音源方面有 Theta 的 JADE 这样的传统机械转盘，也有笔记本电脑和 IFi iGalvanic 3.0 组合这样的 PC 音源，耳放方面，则有铁三角自家“前胆后石”的 HA5050h、Linnenberg Maestro 平衡耳放、Tokyo Sound（东京之声）Valve X 变压器输出电子管放大器。所有的电源线和平衡信号线均为德国敏力六星参考系列线，而数字线、USB 线和 RCA 信号线则以 LessLoss 和 Zephone 制品为主。软件方面，均是自用收藏的头版 CD 及抓轨，包括 STAX 系列限量版人头录音、PAVANE 公司的器乐独奏、SONY 公司的音乐会现场以及 DECCA 公司的大编制古典作品。

虽然资源准备充足，但是本着图方便的念头，最初本人直接将 ADX5000 插到了 Dave 解码的耳机输出口，Dave 的耳机口虽然不弱，但是这一次直接败下阵来，并非声压不够，而是声音的层次没法打开，结像过大，给人一种拥挤的听感。而换上 ADX5000 的师兄 W3000ANV，声场则很清楚地延展开来。看来，虽然 ADX5000 标称 100dB/mW 的灵敏度不算低，但是高达 420Ω 的阻抗还是会断了喜欢直推模式的用户们直推的念头。当然，我也尝试了一下手里的几个便携 DAP，甚至是手机，总的听感很类似：低频密度低，声音不开阔，整体的音色却是没有明显变形的。这一点明显好于曾经令我伤透脑筋的 HD800，两者最大的区别在于，同样在“吃不饱”的前提下，ADX5000 不会出“恶声”，而 HD800 一定会给你“脸色”看。

ADX5000

我规规矩矩地将ADX5000插入官配耳放HA5050h,从最常见的人声、独奏开始听起。首先是Jennifer Warnes的《猎人》，这是1992年的专辑，可能也是她除《蓝雨衣》之外最著名的一张人声专辑了。

我个人很喜欢其中的第二首《Somewhere Somebody》，用HA5050h驱动，ADX5000展现出一种中性微暖的声底，花姐的声音很鲜活地开始吟唱，背景伴奏的BASS和人声配合相得益彰，都在有韵律地跳动。虽然是电子低音，但一声声的拨弦音也有那么些让人一起摇摆的诱惑。第一个最大的惊喜是：这样结实深邃的低频其实在以往的铁三角产品中并不多见，或者说，在民用级耳机产品中，玩家们的注意力往往都是被铁三角纤细华美的中高频所吸引，而并不是很注重大多数耳机的低频表现，这其实是日式婉约的审美风格所决定的，而非技术所不能及。例如专业用的M50X监听耳机，凭借其独步天下的低频表现力霸占了欧美录音棚的半壁江山。但是铁三角终于肯在新一代民用耳机上做出调整，确实让人意想不到。

取下 ADX5000，换上自用多年的 W3000ANV，使用同样的前端，50 周年纪念款和 55 周年纪念款这俩同门师兄弟的表现差异还是很明显的。W3000ANV 作为目前定位最高的木壳系列耳机，声音已经不再是早期 W2002 那般妖娆了，而是一种平和稳重的风格，虽然中高频相对德系耳机来说还是比较华丽，但个人觉得 W3000ANV 已经是铁三角第一款可以全面适应各类音乐风格的高端耳机了。两相对比，W3000ANV 更加含蓄，而 ADX5000 的风格则更加外向，得益于全开放的设计，ADX5000 的空气感和鲜活感是全面胜过 W3000ANV 的；但是在花姐嗓音的韵味体现上，W3000ANV 则更加抓耳。从信息量上说，ADX5000 稍稍胜过 W3000ANV；但在流行音乐的表现方面，耳朵对于这点解析力的差距其实是不敏感的。值得注意的是，花姐这首歌的背景还有男声的和声，ADX5000 处理得很直接，可以让听者更明显地感受到和声与主唱的前后距离，而 W3000ANV 则是让和声略带一丝丝残响，营造出一种若有若无的空间感。

听罢女声，便是男声上场。这位男歌手和花姐也颇有渊源，他就是大名鼎鼎的莱昂纳德·科恩。选取的唱片来自于索尼哥伦比亚唱片公司于 1994 年发行的《COHEN LIVE》（莱昂纳德·科恩现场演唱会精选），其中第二首便是花姐曾经在《蓝雨衣》当中演唱过的《Bird On The Wire》，乐迷当中曾经有人这么形容：世界上有一种男低音叫作科恩的低音。这首花姐的歌已经被我听得烂熟，然而在科恩的演绎之下，竟然有一种新的生命力，ADX5000 将这种有些“粗糙”的男声处理得很有厚度，仿佛是一张砂纸在耳膜上轻轻摩擦。与《猎人》不同的是，这张专辑现场收录了他的原声，因此你可以清晰地感受到舞台的宽敞，ADX5000 的位置仿佛让你置身在前排 VIP 席，让耳朵不错过歌手每一次微弱的换气，同时也能听到来自后面的观众们的掌声与喝彩，而背景的伴奏更是历数在目。在这个环节，W3000ANV 败下阵来，因为对于科恩这种略有点“粗糙”的男低音，W3000ANV 的处理方式是略有些打磨的，虽然听起来不那么沙哑了，但是这种顺畅一点的声音反而失去了他最大的特点，就好像照片上的人脸被“磨皮”之后，虽然更“漂亮”，但是原本的质感则是有所损失的。

中国台湾地区刘汉盛先生的 100 张试音碟榜单里，有一张亨利·维厄唐的中提琴作品集，来自于比利时的小厂 PAVANE Record，虽然规模不大，但 PAVANE 唱片在各类独奏作品方面的录制质量是相当出彩的。此番参与试听便选择了 PAVANE 唱片另外两张独奏作品：日本大提琴家 Mineo Hayashi 演奏的 KODALY 的 op.8 无伴奏大提琴奏鸣，以及波兰裔比利时钢琴家 Joanna Trzeciak 弹奏的肖邦早期 4 部回旋曲和第一号奏鸣。ADX5000 一上场便不负众望，大提琴深厚的声底顿时充溢在耳边，和本人另一只美系耳机 Abyss 1266phi 不一样，ADX5000 的低频虽然丰满、清晰，却不凶狠，终归还是镌刻着东方的含蓄。而 W3000ANV 在含蓄这个方向上显然走得更远了一些，大提琴的力度稍稍收缩了一些，让琴腔的共鸣显得有些发闷而不直白。从柯达伊这部作品本身来说，是需要演奏者打起十二分的热情和体力去展现这部号称最难演奏的大提琴作品中的各种炫技和不同音色的，因此 ADX5000 的表现力无疑是更加贴近作品原意的。

肖邦早期的作品并没有他中晚期那么强调内心的冲突，更多的是一种比较优雅的独白，以及一种年轻人的意气风发，这种直率的表现很对 ADX5000 的胃口，琴键轻快地撞击，然后散发在空气中的泛音，都被 ADX5000 一股脑儿地灌进耳朵。这张肖邦早期作品的唱片采用的是近场录制，因此钢琴形体感较大，很多小细节也弥散在周围。闭上眼，发现用 ADX5000 聆听的感觉竟然有点像家里的主力大号角音箱。换成 W3000ANV 之后，区别最大的是开放式耳机特有的空气感减少了，琴声变得更圆润，但是少了鲜活感，不可否认 W3000ANV 更加精致，更加唯美。凡事都是比较而言的，在 ADX5000 之前，W3000ANV 算是铁三角家染色较少的了，但是自打有了 ADX5000，中性醇厚的标准再一次被刷新。

对于高端耳机来说，不尝试大、中编制古典音乐是说不过去的，即便是顶着“人声毒物”名号的铁三角耳机也是如此，并且从先前的试听中，我已经感受出铁三角此番的新品是铁了心要彻底砸碎“日系女毒”这种人设标签的。既然如此，何不让风暴来得更加彻底一些？于是，撤下了 HA5050h，换上 Linnenberg Maestro 平衡耳放，扯下 ADX5000 的原线，换上了官方的四芯平衡线，收起 W3000ANV，捧出歌德头版的 GS1000 耳机，新一轮对比便开始了。

笔者选取的两张唱片，一张是来自STAX的人头录音《Warschauer Barocksolisten Concerto Avenna（波兰华沙Avenna巴洛克乐团演奏作品集）》，这张巴洛克音乐主题唱片收录了科莱利、斯卡拉蒂、亨德尔等音乐家的三部大协奏曲和一首弦乐四重奏，以弦乐群为主体的大协奏曲特别适合用耳机聆听。用ADX5000聆听这张唱片时，可以感受到整个乐队是活灵活现的，不同乐器群互相应和交织，共同勾勒出一条结构完整的旋律线。而感受这种起承转合的完美，正是聆听巴洛克音乐最大的魅力，ADX5000的音色非常中正，无论是弦乐管乐还是弹拨类的通奏低音，都毫不含糊地将乐器群的形体规模和腔体共鸣刻画得规规矩矩。而美系的GS1000，也是歌德旗下最适合听古典音乐的耳机，同样可以把场面交代得很清楚，甚至声场比ADX5000还要大上一圈，和ADX5000相比，GS1000的中频略干，不算润泽，有些乐器微动态下的信息量，揭示能力不如ADX5000。

最后压轴的一张大编制唱片是来自DECCA唱片在1983年发行的由迪图瓦指挥的《罗马三部曲》。意大利作曲家雷斯皮基的《罗马三部曲》是本人非常熟悉和喜爱的作品，一共由12个场景组成，既有精巧雅致的“雅尼古伦山之松”，也有澎湃宏伟的“罗马竞技场”，我最常拿来测试的便是“陵墓旁之松”，ADX5000从乐章初始，就用它的大气和从容打动了我，乐曲开头表现黄昏幽静的情景，低音弦乐部在安静从容的氛围中交替轻声吟唱，呈现出极好的乐队层次。随着主题的递进，乐曲的发展，管乐部逐步加入，隐忍的喧嚣也在悄悄递进，最后，表现场景中赞美诗的声音从树林里由远及近，动态也达到了高潮。在这个过程中，ADX5000将各类配器的定位表达得清清楚楚，就好像一个大视角的电影镜头，将一场话剧中所有演员的动作表情都尽收其中；同样是“大编制好手”的GS1000毫不示弱，展现出比ADX5000更直接、更凶猛的低频。抛去美系、日系的有色眼镜，这两个耳机在大动态表现上是不分伯仲的，GS1000拥有更宽广的横向声场、更热情的煽动力，ADX5000则拥有更丰富的细节表现和更深邃的层次感。

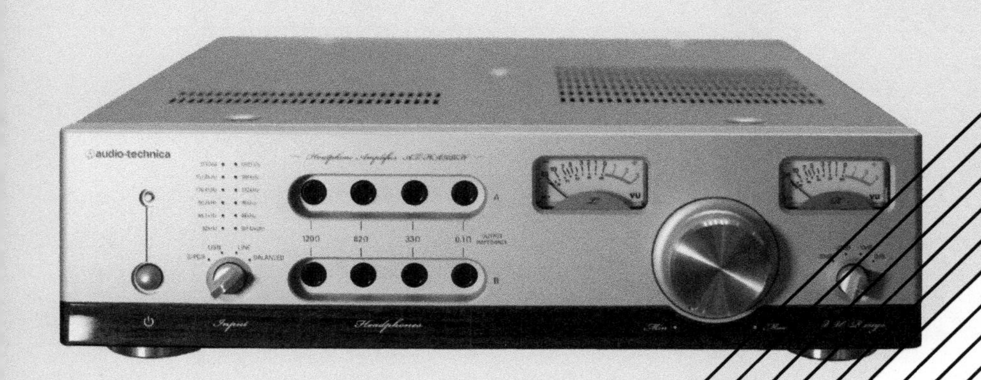

简单说来，ADX5000 和 W3000ANV 一样，是铁三角产品中为数不多的可以通吃所有音乐类型、独当一面的耳机，除了比较吃驱动质量，在其价位上来说并没有其他明显的短板，那么延续一下前一段文字的话题，有没有兼具 GS1000 声场和 ADX5000 信息量的耳机呢？当下倒也有，那就是身价完全不在一个段位的 Abyss 1266phi；未来则一定会有，也许会命名为 ADX7000，或是 ADX9000 也未可知。今年是铁三角成立 55 周年，我们有理由相信 5 年之后一定会有更加出色的产品。

在不同的音色中 *跳舞*

——qdc 变色龙耳机试听

文 / 半烧主义

随着随身 Hi-Fi 设备以及动铁耳机技术的发展和成熟，国内诞生了不少动铁耳机品牌，其中最广为人知的便是 qdc 了。在大范围的音乐爱好者领域，qdc 的定制耳机因国内众多知名歌手及音乐人的使用而闻名；在小众发烧友领域里，qdc 的产品认可度也相当高，qdc 8 系列及其旗舰双子座耳机都是很多发烧友的心头好，特别是双子座耳机，这也是笔者这一年多来使用频率最高的耳机之一。

去年听闻 qdc 出了一款 6 单元动铁的入耳式耳机。虽然并非旗舰型号，没有打动我（本人有旗舰情结），但名字叫变色龙 Anole V6（下简称变色龙），一下子就让人记住了。后来在展会上试听后，我感觉变色龙绚丽的听感十分讨好耳朵。调节耳机上的调音拨杆，可调出 4 种不同的音色，这也是变色龙一名的由来。而且听展会现场的工作人员介绍，这款变色龙其实也是系列的名字，除了这次出的高阶型号 V6 外，后面还会有新品推出。

说到变色龙，相信大家肯定会拿它跟双子座进行比较。经过简单的对比，尽管变色龙素质跟细节表现要逊色于双子座，但变色龙在音色上，在声音气息的把握上，下足了功夫。加上变色龙的4种音色都是偏暖、厚实的风格，因此可以很容易看出这是一款定位偏向流行音乐的高阶动铁耳机。

在变色龙的4种调音方式上，qdc官方给出了大致介绍。第1种，双拨杆向下是标准调音方式，而这也可认为是qdc为变色龙调出的均衡型音色，适合的音乐类型最广；第2种，拨杆调节为1下2上，官方称之为人声靓丽；第3种，拨杆调节为1上2下，官方称之为氛围感强；第4种，双拨杆向上是高灵敏度音色，这种调音方式是双拨杆向下标准调音方式的加强版，因此第1和第4种音色几乎一样，但第4种调音方式专为推力相对较小的播放器而设。

本篇将搭配两款播放器索尼WM1Z（又称金砖）及享声M1 PRO，并调整调音拨杆，去感受不同音色下对各种类型音乐的演绎效果。

搭配索尼WM1Z

搭配享声M1 PRO

索尼WM1Z（下称金砖）的音色温暖，声音偏厚，并带有较浓郁的氛围感。因此在变色龙的调音设置里，我采用了双拨杆向下的标准调音方式及左下右上的突出中高频表现的调音方式来跟金砖搭配。

流行音乐，我们要感受的就是人声表现及曲目氛围。变色龙的音色偏暖，这跟绝大多数流行乐的表现路数是一致的，重点就是看人声的表现了。由于标准调音的三频分布是比较均衡的，因此在表现人声的喉音、低吟气息这部分为主的中低频段以及表现人声线条感、齿音

感较重的中高频段的能量感都有着不会厚此薄彼的表现，因此演绎中气十足、声线线条感较粗的歌手作品，就非常合适。Adele的《Rolling In The Deep》，相信是很多发烧友耳熟能详的歌曲。在这首曲子上，Adele的声线特点就被表达得非常准确，很轻松便把她的情绪从飙高音时的声线中带出来。而且这款耳机在把握全曲节奏的强劲鼓声时，也表现出不错的弹性和充沛的力量感。刚才说到，标准调音方式和高灵敏度调音方式音色一致，那如果在同一个播放器上从标准调到高灵敏度，声音会有什么变化呢？根据具体试听感受，高灵敏度会让低频质感及声场纵深立体感加强，全曲的起伏明显变大。

接下来我要大大称赞一下拨杆1下2上设置的音色，因为搭配金砖，人声真的能做到官方所介绍的“靓丽”。在张学友的《用余生去爱》中，岁月的洗礼已让歌神的声音变得不再饱满，但声音的味道却随年月沉淀，唱功与情感全表现在嗓音线条感的强弱与粗细的变化中。而这种音色，合理加强了这方面的表现，让张学友的声线更加鲜活生动，人声位置也相对靠近。与此同时，中低频表现相对收敛，把舞台更多地让给充满磁性的人声。又如刘若英的《遗忘的都回来了》，在用了这种调音方式后，歌手在耳边吟唱的感觉更逼真，情感也表达得更加淋漓尽致。这款耳机不仅在人声表达上有一手，由于这种调音方式提升了中高频的表现，并且声底清澈，因此器乐独奏或者小编制交响乐都有干净细腻的表现。

最后再分享一下拨杆1上2下（官方称为氛围感强）调音方式的玩法。这种调音方式加强了低频及中低频段的量感，让声音底盘更稳，适合搭配低频量感相对偏少的播放器。这次搭配的享声M1 PRO正是中高频比较出彩、但低频较少的播放器。以玉置浩二的《TO ME》为例，你就很容易明白了。这是一曲风度大叔唱给他心爱女子的情歌，伴随着缓慢的钢琴声和吉他声，歌手以一种抱着爱人，在耳边私语的方式吟唱着。渐渐地，低音鼓也响起了，缓和而有力，带出一种沉稳的味道。此刻如果仅以标准调音来听，则体现不出鼓声的厚实和力量，总觉得隔靴搔痒，当调成1上2下后，鼓声的质感就显现出来了。

音响发烧这个爱好，其中一个核心就是器材之间的搭配。qdc推出变色龙V6，在保证声底音色温暖通透的同时，做出了几种音色差异较为鲜明的调音，满足发烧友在折腾时的不同搭配需求，为一款耳机打开了更多可能性。同时变色龙也被定位为高端发烧耳机，在素质和听感上都做到一个非常高的水准，面向的恰好是对音质细节不那么容易满足和妥协的发烧友，因此变色龙不管是在音质上还是可玩性上，都带着强烈的重度发烧友气息。如果你恰好喜欢流行乐，喜欢“折腾”器材，当你遇到变色龙的那一刻，也许你会发现你“恋爱”了。

iPhone 手机最优 Hi-Fi 解决方案——

德国 Ultrasone 极致便携解码耳放 NAOS

文 / 爱乐

「极致」便携到极致

由于新版的苹果手机取消了耳机插口，很多忠实的“果粉”只能选择蓝牙耳机了，但是吹毛求疵的发烧友们（包括我）对这一点非常不爽，我还有很多有线耳机无法便携享用，声音也是目前蓝牙耳机还无法匹敌的，这岂不是极大的浪费？作为比较懒，想把便携极致化的发烧友们（也包括我），急需一款小巧的音质又不能打折扣的方案，终于被我们等到了——这就是极致的NAOS。

NAOS 是德国极致（Ultrasone）公司首款便携解码耳放。极致的大名不需多说，该品牌耳机得到的赞誉很多，也是耳机中的奢侈品和战斗机。极致的耳机做工和声音都很追求极致，目标用户十分明确，有许多忠实的拥趸。NAOS 除了搭配极致系列的耳机可以有十分出色的效果外，当然不会拒绝其他品牌的耳机。在这之前，我先来介绍一下这款便携解码耳放的功能吧。

NAOS 的尺寸为 46mm×18mm×6mm，比一个一元钱的塑料打火机的尺寸还要小，重量仅 6g，可谓便携到极致，不愧“极致”的名头，不过使用者可要保管好了，小东西很容易丢（笔者就是经常丢打火机的人）。NAOS 的输入端为 Micro USB，输出端为 3.5mm Stereo TRS，直接解决了苹果新手机没有耳机口的尴尬。NAOS 的解码芯片为 AKM AK4432，最大可以支持 24bit/192kHz 的高规格音乐。在这样高规格的水准下，还搭载了高素质的放大线路，以发挥它的优势。技术指标上，频响达到了 10Hz ～ 30kHz，可以驱动 16 ～ 300Ω 阻抗的各式耳机，最大输出功率可达 200mW（16Ω/5V 输出电压），同时失真极低，具体技术参数会在文章最后列出。

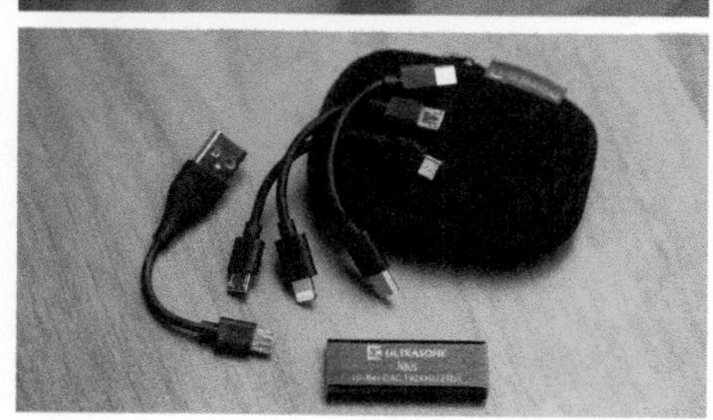

这样的经过优化的放大电路，适应性很广，小耳塞、大耳机都可以驱动，或者接驳有源音箱等也没有问题，一样可以提供优质的声音供欣赏。使用时 NAOS 上有一个明亮的绿色小灯提示正在工作，同时它不需要额外供电，节省了电池带来的体积和重量困扰。我尝试着听了一天，耗电量只比正常使用手机略多，但是以 iPhone 本来就需要一天一充还得常备移动电源的表现来说也不算什么事儿了。

当然，NAOS 不仅仅针对苹果手机，它随机附带了若干接口的线缆，PC、平板电脑、安卓手机一个都没有落下，完全做到“雨露均沾”。原机附带 iPhone 以及 iPad 使用的 lightning 线、安卓手机的 Micro USB 线和 Type-C 线、电脑上使用的 Type-A 线，有广泛的兼容性。线比较多，所以原机也附带了一个小巧精致的小包，这样就不用担心丢失了。

Ultrasone 极致 NAOS

声音方面，NAOS在这样的体积内有效地做到了高素质，推力也的确不小，只要不是特别难推的耳机，就可以得到框架不错的声音。不奢求跟捆绑设备甚至台式机比，至少搭配一些低阻抗的大耳机带出去，能得到足够的声压就已经很不错了。笔者用它听了一天，在坐地铁、坐公共汽车、开车等各种场合都尝试了一不同耳机的效果，比如DITA的TRUTH，SENDIY的M1221，铁三角的挂耳式耳机EM5，拜亚的T5P、880，HIFIMAN的EDXV2等，凡属于便携类的，都可以得到较为满意的声音。尤其是用于这些大耳机，要比手机直推声音好得多。总体来说，声音比直推要大上一圈，同时密度也有所提升，解析度也有提高。以DITA为例，本来就是高解析度的耳塞，通过高品质的音乐可以带来非常好的音乐享受。笔者哄孩子睡觉的那

首MJ的《犯罪高手》，开头的心跳声简直跟我自己的心跳一样震撼，这种真实的感觉是在音箱上无法体会的。有了这样一款便携小耳放，你甚至可以把铁三角的一些“大木碗”戴出去炫耀一番，不再是仅仅做个样子而不能好好聆听了。

NAOS是一款功能强大、体积十分小巧、声音讨喜、非常实用的小设备，对苹果手机取消耳机插口很不爽的“果粉”们有福了，当然不是“果粉”的朋友们也一样可以得到NAOS带来的便利和优异的音质享受。NAOS可能是世界上最小的便携音频解决方案。附上NAOS的技术参数供大家参考。

尺寸	46mm×18mm×6mm
输入端	Micro USB
输出端	3.5 mm Stereo TRS
频响	10Hz ～ 30kHz
驱动能力	16 ～ 300Ω
采样率（USB Decoding）	Max. 192 kHz /24 bit
输出功率 1	> 90mW（16Ω / 3.3V 输出电压）
输出功率 2	> 200mW（16Ω / 5V 输出电压）
输出功率 3	> 40mW（32Ω / 3.3V 输出电压）
输出功率 4	> 100mW（32Ω / 5V 输出电压）
THD+N	< 0.01%（1kHz）
输出阻抗	0.73Ω
信噪比	110dB（3.3V 输出电压）
LED 状态指示	绿色
最大输出电压	2.6V_{p-p}
最大输出电流	52.7mA（16Ω/ 1kHz）
DAC 芯片	AKM AK4432
重量	6g

从“倾听”到“轻听”

——TECSUN V5云播放器评说

文 / 陈 平

一说起“Hi-Fi”，许多人的脑海中便会呈现出这样的画面：进入专门的听音室，郑重其事地放入唱片，坐在“皇帝位”上竖起耳朵倾听，绝不遗漏每一个音符……其实在现实生活中，只有少数“高烧”的音乐爱好者才拥有专用的听音室、高档器材，还有充裕的时间。而绝大多数的音乐爱好者就是在闲暇中随意听听而已，没有良好的听音环境，没有顶级的发烧器材，没有绝版的珍贵唱片，只有一份热爱音乐的情怀。随着时代变迁，特别是互联网的发展，MP3等有损音乐也能收进曲库。普通播放器材尚可一听，用N年前几分之一甚至几十分之一的成本就可以欣赏到相当不错的音乐。在当今时代背景下，“轻听”的概念应运而生。所谓的“轻听”，指的就是不苛求音乐播放的软、硬件水平，便捷、轻松、低成本地欣赏和享受音乐。

近年来，基于“轻听”概念的播放器大行其道。值得欣慰的是，这一次国产品牌在产品研发、音质、工艺、质量上有了长足的进步，与国外以“BOSE”为代表的中高端产品的差距明显缩小，国产品牌更以优异的性价比基本上占据了消费市场的主流。在众多产品中，凭着对曾购买过的TECSUN草根耳机、TECSUN HD-80准专业播放器的良好印象，笔者再次把关注的目光投向了TECSUN V5播放器。笔者购买至今已经使用一段时间了，感觉TECSUN V5的外观、工艺、功能、音质和细节都没有让人失望，是一款实实在在的国货精品。

图 1

图 2

01

外观工艺

（一）亮点

TECSUN V5（后文简称 V5）实物尺寸为宽 36.5cm× 高 12cm× 厚 10.2cm，呈标准的长方体，见多了各种各样的播放器外观，感觉还是正正方方的机器耐看（图 1）。外包装上注明 V5 具备胡桃木和樱桃木两种外观，细看实物应该是贴木皮工艺（图 2）。实木、木皮、木纹纸三种工艺当中，实木最奢华，但成本太高；木纹纸成本最低，但容易起泡或磨损；木皮具有和实木完全一样的外观，又不像木纹纸那样脆弱，应该是性价比最高的选择。V5 的木皮工艺非常好：粘贴仔细，和机器线条高度吻合；附着力强，没有任何翘边或空鼓现象。

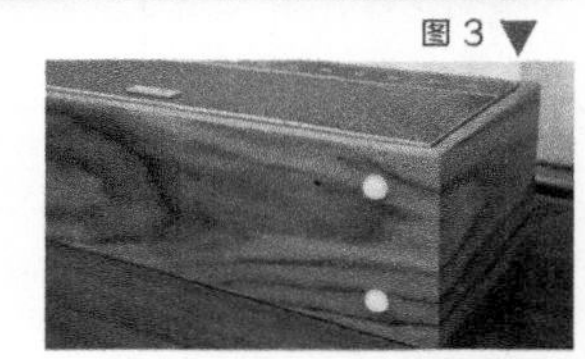

图 3

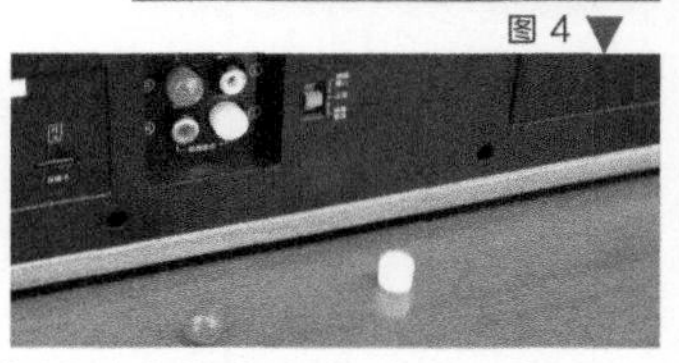

图 4

V5 的正面上方是显示屏和带背光的触摸式按键，下方是扬声器。扬声器绒布颜色和机身色调相同，蒙布工整紧致，整机带着浑然一体的美感。底部有 4 粒半软的塑料脚钉（图 3），可有效防止振动。背面的输入 / 输出 RCA 端子还套上了橡胶套，能保护金属端子不被氧化（图 4）。不要小看这些细节，正是这些点点滴滴，决定了产品留给用户的印象。

（二）不足

V5 的电池盖盖上后略凸出背板，影响了美观。刚开始还以为是里面的锂电池鼓包了，后来才发现电池盖背部贴了橡胶条，这个设计旨在消除恼人的机振杂音，但估计产品设计之初并没有加上橡胶条的考虑，是后来才加上去的。这样一来电池盖“变厚”了，盖上后就产生了略凸出背板的现象。尽管不影响使用，但从精益求精的角度来说，这是不应该出现的。

02 功能特点

（一）常规

V5 作为普通播放器，支持插 TF 卡播放、蓝牙播放、USB 连接播放（图 5）。

V5 配备一个 TF 卡槽，TF 卡播放支持 WAV、FLAC、APE、WMA、MP3、M4A、AAC、OGG 等常见的音频格式，至于其他的音乐格式，笔者没有去试，因为使用软件转换想要的音频格式是分分钟的事。V5 出厂自带 8GB TF 卡一张，里面有各种高保真音乐，而且很多音乐录制水平很高。据说德生有专门负责搜集好音乐的工程师，

图 5

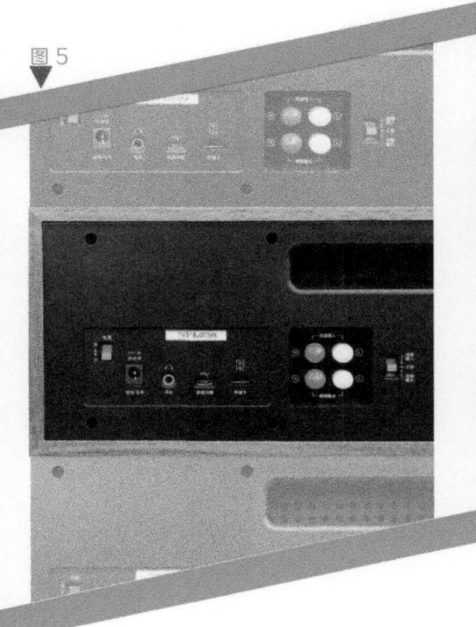

他们对同一首音乐的不同演唱（演奏）版本进行对比，选择最好的版本进入德生曲目库。买机器还送“天碟”，可算意外的福利。

V5 的蓝牙连接方便，用 iPad、iPhone、笔记本电脑、平板电脑、手机基本上一次成功。如果不行，可以多试几次；如果总不行，请注意手机、PC 等播放设备上“对当前附近的设备可见”功能是否开启。V5 蓝牙连接的有效距离较长，可提供超出 10m 的无障碍通信距离。

V5 的 USB 播放功能可以把播放器当电脑多媒体外置音箱来用，只需使用 V5 自带的 Micro USB-USB 线材一连即可。但要注意先连好线，再启动电脑上的音乐播放器或播放网页，否则 V5 会无声。

V5 还具备 LINE IN/LINE OUT 功能（RCA 接口），可以当前级音源，接驳其他音源，当有源音箱使用。LINE IN/OUT 功能使用一个拨

图 6

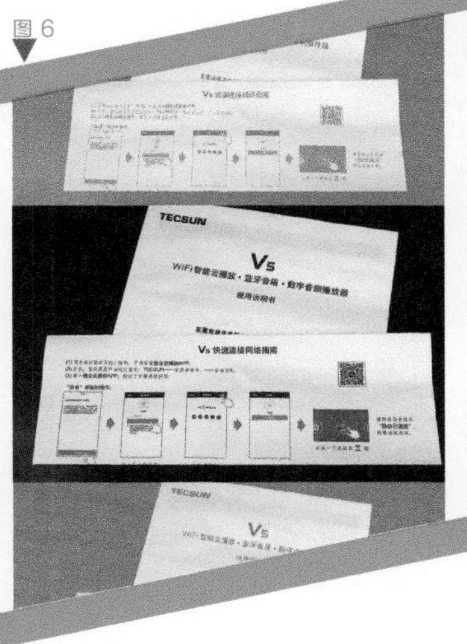

钮切换，使用方便。

（二）特色

V5 的云播放功能值得一提。所谓的云播放，实质是直接查看并在线播放音乐文件的功能，即无须下载就可在线快速播放。这个功能的主要好处在于换了控制端也能享有同样的数据，比如播放列表什么的。它有一张单独的说明书，具体说明怎样快速连接网络（图 6）：下载德生云播放 App 并启动它，按图索骥输入路由器名称和密码，它会发出语音提示“路由已连接”，App 就会显示在线收音机、QQ 音乐、蓝牙、TF 卡等选项，此时，单击 App 界面就可以随心所欲地操控它了。

既然是云播放器，控制软件就显得尤为重要了。德生云播放 App 做得很不错（图 7）：连接容易，首次设定后只要不换路由器，几乎可以一劳永逸地使用；界面合理，想要的网络播放音频节目在 App 界面上都可以轻易找到；操作便捷，涵盖它本身具备的全部功

图 7

能，所有功能基本上一键搞定；初具智能，支持语音搜索或文字输入搜索。

（三）商榷

至于 V5 具备的免提电话功能，笔者倒觉得没什么必要。适合户外、移动使用的播放器具备免提电话功能还有一定用处，而 V5 明显是定位于家庭聆听的产品，免提电话功能就显得有些画蛇添足了。

音质点评

音响是用来听的，哪怕是“轻听”，也并不意味着只要发声，不要音质。V5 采用 2.1 声道扬声器设计，左右声道分别用一个 2.25 英寸的全频扬声器单元输出，两个扬声器单元之间还有一个接近椭圆形的低频振幅器。要知道小扬声器与大扬声器的还音差距主要在于低音，中高音的差距相对比较小，而低频振幅器就是利用共振原理来“放大”低频的量，这样一来，小机器也能有比较丰满的低音表现。从总体上看，使用低频振幅器“制造”出来的低音不如大扬声器单元自然，因而不受音乐发烧友的待见。然而在现行技术条件下，机器体积和低频质量是对立的，关键在于二者之间的平衡。BOSE 的“气流团”技术本质也是低频振幅器，还不是照样名满天下？这说明即使使用振幅器，也绝不是简简单单塞一个了事，其中共振频点、曲线、幅度都要经过精心设计，使其负面影响最小。

（一）亮点

应该说 V5 的低频相当自然，并不一味地为追求下潜而牺牲其他因素，低音部分听感自然、整体性强，总体是一种宽松的风格。

德生是做收音机出身的，中频人声自然是强项。V5 的人声显得洪亮而有厚度。实际上中音是很考验音质的还原素质的，中音不好的音响声底不实，这种缺陷感绝非“蓬蓬”的低音和“嚓嚓”的高音所能弥补。两头翘的频响乍听很惊艳，但时间一长会头昏脑涨、耳朵累。把 V5 开上几个小时，你也不会觉得厌烦，因为始终是亲切的声音风格。

V5 的高音延伸性中规中矩，但细腻度很好，如果在夜深人静的时刻细听，你会有一种发现音符的喜悦，即使播放 320kbit/s 的 MP3 音乐，也感觉不到明显的“锯齿声”。当然正如本文前面所说，这一类播放器适合于“轻听”，你就是播放无损发烧级音乐也听不出和普通 MP3 音乐有什么大的区别。

因为成本的关系，现在绝大多数播放器使用塑料箱体，随之而来，容易产生恼人的“箱声”问题。所谓的“箱声”，就是某些频率的音频和箱体产生共振，使得重放中夹杂一种令人不快的声音。从目前的产品来看，塑料箱体的“箱声”比较明显，上文提及它的外观采用贴木皮工艺，其实箱体是木颗粒板的，板材密度高，厚度足够，不容易产生共振，因此几乎没有“箱声”，整体音色真切。

V5 还有一个很大的亮点，就是胜任大动态音乐

图 8

重放，聆听时颇有“大珠小珠落玉盘”般的感受。和别的播放器相比，播放同一首曲子，V5 能听出更多的音乐细节。V5 使用两节 18650 锂电池供电，电压达到 7.2V，这是动态良好的保证。

严谨的 Hi-Fi 发烧友都视 3D 音效为“臭肉”，认为 3D 音效破坏了左右声道定位。然而基于“轻听”概念下，3D 音效还是能带来一点不同，主要表现在声场有了一定的扩展感和纵深感，当然你要是不喜欢，可以随时关闭它（图 8）。

（二）不足

V5 的耳机音质就不如扬声器音质出彩了。底噪比较低，分离度也还可以，总体上没有什么严重的问题，可声音就是平淡无奇。究其原因应该有两个：一是笔者用的耳机比较好，反而在某些方面真实地还原出音质的缺点；二是当今播放器为了省电，一般采用 D 类功放，D 类功放效率高，但总体失真度还是比较高的，用自带的小扬声器播放不觉得失真，用耳机听就听出来了。

（三）说明

说实话笔者不太喜欢用一段音乐来点评播放器的音质，一来读者并不容易找到相应版本的曲子；二来总觉得读者阅读后测试，容易受到心理暗示；三来也就是最重要的，本文的主旨是享受“轻听”，没有必要像严肃的音响评测那样，况且用这一类播放器来听也不可能听出“耳油”来。

▼图 8

总体评价

TECSUN V5 云播放器在当前热门的播放器上增加了云播放功能，凭借着对“好声音”的深刻理解和之前产品制造的深厚积淀，其外观、音质、功能、使用等都有不少可圈可点之处。产品定位于居家随心随性“轻听”，是一款真正的享受级产品。

我们都是音乐爱好者，个人条件不同、器材不同，但热爱音乐、享受生活的志趣却是相同的。感受音乐，愉悦精神，随手即可，无须太多。

都市生活的音乐伴侣

——飞傲蓝牙 DSD 解码放大器 Fiio Q5

文 /421

忙碌的都市生活，人们的时间变得零碎，总想跳脱开自己的日常工作，悠然沏上一壶香茗，静静品味一段优美的音乐，但人潮人海的早晚高峰，不知疲倦的朝九晚五，都容易让人兴致阑珊，似乎每时每刻都为了琐事忙忙碌碌，多想在繁忙之中，抽出片刻时光，聆听一段舒缓乐曲，使疲劳的身体减轻重负，使紧绷的神经舒缓放松。

因此更多音乐爱好者向往简单而高品质的便携播放系统，作为自己日常的听音设备。从最初的Walkman、Discman，再到后来的MP3甚至手机，国砖、洋砖也已经见多不怪。越来越多的便携Hi-Fi设备百花齐放，尤其是近些年，耳机、耳放，解码器、播放器等便于人们日常听音的器材设备如雨后春笋席卷而来，品种繁多，使人眼花缭乱，人们不再仅仅追求高素质的播放器。不单单钟情于品质精良的耳机，解码耳放也成了人们喜爱的对象。虽然耳机在声场方面难以与音箱匹敌，但也是好处多多，尤其不受限于过多的声学环境要求，直接接触人耳，听到的全是耳机单元发出的声音。要获得这种亲密无间的听音体验，不仅一款高素质的耳机是非常必要的，选择精良的解码耳放也是重中之重。说了这么多，笔者要介绍的本文主角便是飞傲的旗舰产品——蓝牙DSD解码放大器Fiio Q5。

Fiio这个国产品牌想必不用过多介绍，每次推出的产品对我来说一以贯之地讨人喜欢，不刻意追求华丽的设计风格，简约考究的外观工艺展露无遗。这款Fiio Q5也不例外，拿在手里不大不小，分量适中，Q5的整个机身采用全铝合金材质，细腻考究，我尤其喜欢的是机身正面的中间部分采用的拉丝处理，让人爱不释手，总忍不住要在这光滑表面摩挲一番。在其上下两端分别配有HiRes小金标和Fiio的白色logo，其下更有一条细细多彩的工作状态指示灯带包裹金属拉丝的下边缘，就是这些细节的设计让人感觉简约而不简单。再来看看Q5两侧部分采用的喷砂处理，搭配侧边的按键和底部的耳放模块，做到了和谐又不失时尚。这种设计不但美观，还能有效防止电磁干扰，一举两得。Q5的背部非常讨巧地搭配有黑色PU皮材质装饰，给金属机身增添了几分温暖的格调，这种设计风格不但美观精致，而且在听音过程中能够防止捆绑可能出现的划刮，保护机体。

在机身的侧面，为了更加细致地提升操控感受，造型设计师在右侧音量旋钮部分采用了一个沉台斜面设计，相比左侧的平台造型，音量滚动在视觉凸起的情况下，整个面依然保持在一条线上。45°弦纹和红圈设计相得益彰，我试着扭动旋钮，适中的阻尼感让人感到非常舒服，似乎只需要动动指尖，即可将音乐轻松掌握。除了精美的外观，我更要说一下Q5搭载的两颗AKM的AK4490 DAC芯片，这两颗芯片具有高信噪比和低失真的特点，能够让声音平缓耐听。而且Q5内部包含的7路LDO电路更加值得一提，DAC、LO、音量IC、LPF、耳放、XMOS以及蓝牙分别通过独立的供电电路，这种独立的供电方式为整机提供了更干净的电源，而且还可以减少互相之间的干扰，以保证音质纯净。最让我注意的是Fiio Q5继续沿用可玩性极高的可更换模块设计，可以兼容飞傲全线耳放模块，可玩性得到大大提高。这是非常有意思的设计，这样大家就可以通过选购不同的耳放模块来满足自己的个性化音质、不同推力或者对不同耳机接口的需要。其他的内部细节，我就不一一向大家介绍了。

听感到底如何还要上机测试，话不多说，开始试听。首先我选用的是 iPhone 蓝牙连接，耳机选用艾利和 ROXANNE III，第一首曲目来自 King Crimson 的《Formentera Lady》。King Crimson 是一支相对冷门的乐队，不过它却是笔者的至爱之一。这支成立于 1969 年的乐队被誉为前卫摇滚的开山鼻祖，虽说是摇滚乐队，但乐队风格诡异多变，难以捉摸，迷幻色彩浓重，乐队甚至出现长笛和大提琴等各种意想不到器乐演奏部分，前卫的音乐风格迷倒众人，笔者也不例外。这首歌出自他们的专辑《Islands》，专辑封面便是著名的三裂星云特写镜头，给整张专辑增添了几分迷幻色彩。静静聆听，音乐飘然而至，在 Fiio Q5 的表现下，开场的大提琴前奏如泣如诉，音色不偏不倚，自然不松散；主唱的嗓音低沉但不过分凝重，厚实圆润的中频表现让笔者格外喜欢；浓郁而饱满的吟唱，如同诉说与福门特拉姑娘曾经的那段情深往事。待到乐曲中段，Q5 的表现力也异常出色，音乐变得活泼愉悦，明快不脱节，鼓声的弹性也非常出众，低音干净利落，富有冲击力，我最怕的是此段鼓声的张力不足，但整曲下来，Fiio Q5 表现一点也没有拖泥带水，非常优秀。

接下来试听的便是《Listening With A Million Ears》，这首歌曲便是美剧《疑犯追踪》中的插曲，这首曲子采用了很多电子合成效果，在Fiio Q5的演绎下，中部大提琴发出拨人心弦的旋律，凝重而厚重，乐曲慢慢充满悬疑诡异的感觉，音乐和美剧主题异常契合，低频有质有量，毫不臃肿，使音乐主题凝练、深邃，最后部分的音乐急促而富有层次感，Fiio Q5依然表现得稳定自然，丝毫没有松散模糊的感觉，低频大气磅礴，非常过瘾。

最后笔者试听的是Queen乐队的《Bohemian Rhapsody》。Queen乐队就不用过多介绍了，算得上世界上最知名乐队之一了，即使你对这支乐队没有什么印象，也应该听过《We Will Rock You》和《We Are The Champions》。1975年，Queen乐队发行了第四张专辑《A Night at the Opera》，并凭借这首《Bohemian Rhapsody》获得首届全英音乐奖“最佳单曲”奖。如同专辑名称一样，每每听到这首歌曲，我总有一种置身于歌剧院观看歌剧的身心体验。我希望这次Fiio Q5不要让我失望。乐曲徐来，开场的人声清唱悦耳自然，如真似幻，随后的钢琴声稳重淡定，铿锵有力。在Fiio Q5的推动下，Freddie Mercury高亢的嗓音表现得淋漓尽致，声音浑厚有力，感情充沛，宛如上演了一部史诗大剧，气势磅礴，颇具规模感。最后一段在Fiio Q5的表现下丝毫没有松弛不到位的情况，Brian May华丽而技巧高超的吉他Solo，活泼明亮，力道十足，激情四射，使整首歌曲得到完美升华。气势磅礴，淋漓尽致，可以说这是一次完美的试听体验。

经过这3首歌曲的试听，Fiio Q5的声音表现值得肯定，尤其是在表现流行音乐的时候，其高品质的声音能够充分展现。在忙碌的日常生活中抽出时间听听音乐，这款小巧轻便的随身便携解码耳放，无论是简约时尚的外形设计，还是出众的声音表现，都是你值得拥有的。

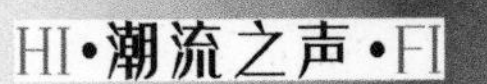

RE800 高频如宇宙星空般明亮透彻，如断了线的流星延伸到遥远天际，又如热闹的华尔兹舞曲，让笔者思绪不断跳跃。

唯有那温润而又寂寥的中音，如同一粒鹅卵石打在多瑙河上，微微泛起涟漪，迟迟不肯平静。

低频中优雅自然的弹性，像含在口中的跳跳糖，时而收，时而缩，时而撞在口腔上膛，时而融化，消失在舌尖。

漫漫回路，唯有通向远方的翠绿林池，让你找到内心愉悦的平静。

——雕言前序

均衡、大气、耐听

——HIFIMAN RE800 全面评测

文 / 小廖

笔者最近一直在折腾台式系统，各种器材搭配麻烦不说，线材不断调整也让我精疲力竭。而所谓“牵一发而动全身”更让我深有体会：在把所有音频器材（转盘、解码、耳放）搭配好后，一根 RCA 音频线的轻微调整，都有可能让声音和调整之前大相径庭。这种不断为调整声音而把器材搬来搬去的做法，直接导致我心神疲惫。因此我决定暂时放下台式系统，转而向便携“出击”——找来入耳式耳机玩玩，正好这段时间缺个主力入耳式耳机。

但笔者在挑选入耳式耳机过程中却感受到一种购买阻力，市面上旗舰入耳式耳机本来就少，佩戴舒服的旗舰型号就少之又少。笔者之前脑袋一热，买了一款平板入耳式耳机，佩戴后才发现腔体太大，特别撑耳朵，并不舒服，而且隔音效果也不好，直接影响到我听音乐的心情。因此我决定再挑选旗舰入耳式耳机时一定先试试是否佩戴舒适。

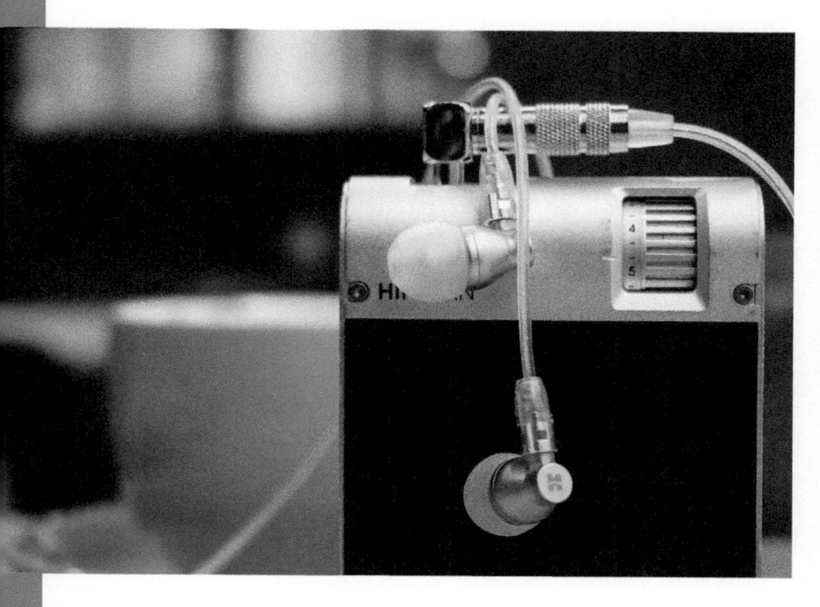

有一个周五晚上，我去了 HIFIMAN 新品发布会，听到了 HIFIMAN RE800 搭配最新播放器 R2R2000，听后发现声音确实是我想要的（和自己 LCD iSINE20 进行了比较），因此 HIFIMAN RE800 就成了我的首选。这款耳机不止符合预期，甚至超出我的预期。

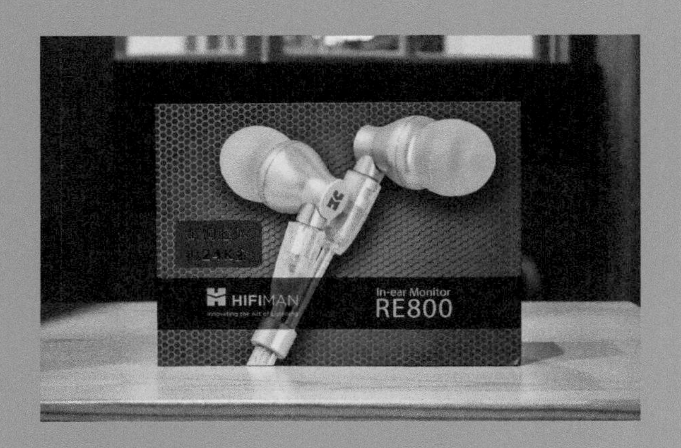

包装上档次，配件看细节

HIFIMAN RE800 的包装盒应该是我见过外观最新颖的耳机盒：整个外包装为墨绿色的，盒子质地非常坚硬，采用卡扣开合设计。打开后就可以看到整个配件布局——让人耳目一新。

HIFIMAN RE800 的耳机包装盒让你有一种挖掘出神秘宝藏的感觉，在打开耳机盒时非常有仪式感，内部就更“别有洞天”：整齐划一摆放有方形的耳机配件盒、墨宝般铿亮的圆形耳机保护盒，这些都可以让用户感受到设计者的精巧用心。而如屋檐下冰晶璀璨般夺目而又小巧的 RE800，就固定在海绵中间。

除此之外，HIFIMAN RE800 的配件也非常丰富：耳机盒旁边是单晶铜镀银线、右边是一套黑色耳机双节套、三节套（有单独海绵格子固定），海绵隔断第二层是说明书、保修卡、耳挂以及一组 C 套。

RE800 外观独特 佩戴最“毒”

RE800 这款耳机用“小巧玲珑”来形容是完全没问题的。从外表看整个腔体非常小，笔者在这里用耳机套举个不太稳妥例子：比最大的单节套还要小一圈，和中等单节套大小相当。此外，整个耳机腔体为 24K 电镀真金，并没有采用目前流行的镜面抛光设计，因此这款耳机拿在手里手感非常柔和，给人一种低调又不失大气之感。

RE800 的整体佩戴舒适度要远超市面大部分入耳式耳机，佩戴后耳朵几乎感觉不到异物存在。笔者总结了 RE800 两点佩戴上的优势：其一，耳塞腔体非常小，几乎适合所有人的耳洞；其二，它拥有两种佩戴方式，既可以像普通入耳式耳机一样佩戴，也可以绕耳佩戴。两种佩戴方式对音质影响微乎其微。

拓扑黑科技加持、声场规模感强、高频细节出彩

RE800采用和“老大”RE2000一样的拓扑振膜材质，按照官方说法，这是一种使用纳米材料镀层技术制作的耳机单元，本质上就是通过在动圈单元上改变纳米镀层形状、开口、纹路，就可以改变声音，这项技术确实走在音频技术前沿。这里笔者有个建议，HIFIMAN可以在未来推出的定制耳机中采用可更换单元设计，并定制一些不同声音风格的镀层单元，这样能大大增加耳机可玩性。

声音关键词：声场、高频、细腻、温润

在声场表现上，RE800应该是笔者目前听过的同价位中声场规模和层次感最强的入耳式耳机型号之一。给大家打个比方，IE800声场之大已经在发烧友中人尽皆知，但RE800比IE800纵向层次上要更出色。此外，横向规模感基本相似，二者不相上下。

听《加州旅馆》（毕竟是参考标杆）时，一开始的吉他独奏声音距离感适中，既不过分贴耳，也不过分遥远。接着是观众的鼓掌声，不拖沓，清脆悦耳，不糊成一团。主吉他弹奏起来，高频的延伸和泛音被充分体现出来，整体音色趋于华丽。

整个掌声“撑起”的声场规模非常宽广，在空间层次上，器乐演奏井然有序、定位准确、结像清晰。此外，掌声、吉他、人声、伴奏等都有很好的形体感，笔者感觉部分器乐声音线条感较硬朗。

高频音色是华丽而温润的，在听《波罗吉他》的时候感受最明显，整体曲目背景非常“黑”，用“干净”形容也不为过，使用 RE800 听这首纯吉他曲目时笔者的一大感受就是高频亮而不刺耳。此外，RE800 在表现吉他声音时还有一种特殊金属润泽感，既不明亮，也不黯淡。

RE800 在低频表现上则是非常自然的。介绍低频前，笔者先描述一下在实际生活中听到的鼓声。现实敲击的鼓声绝对不会出现轰头或者如敲铁皮的声音，鼓声音量的大小和下潜深度与鼓面积、敲击力度有关。笔者认为 RE800 低频很像安塞腰鼓的声音：迅速、凝聚力突出。RE800 低频凝聚力介于结实和松软之间，不会让你感觉过于突兀。个人感觉 RE800 低频下潜并不深，加上弹性较强量适中，让整个低频表现自然，氛围感恰到好处，不过于沉闷。

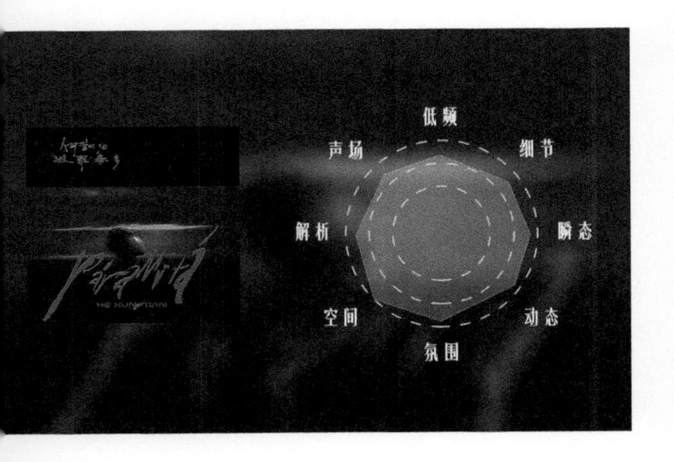

最后是中频，骨子里还是 HIFIMAN 高端入耳式耳机温润的味道。但是 RE800 和 HIFIMAN 以往的入耳式耳机还是有区别的：中频在保持温润基础上，提升了整体通透度并减少了密度，让声音不过分厚实。这样一大好处就是让人声表现更加接近真实。

笔者非常喜欢听 Maroon 5 乐队的歌曲，主唱人声很有辨识度。在 Maroon 5 乐队的《MAPS》这首歌里，人声声线非常细，如果使用控制力表现不好的耳机听，很可能会感受到一种尖锐感，让耐听度大大下降，而用 RE800 听时，笔者感受到除了通透、自然、充满活跃感外，还有一种难得的水润感，这种水润感让人声中高频变得顺滑、耐听。

RE800 耳机在人声、室内器乐曲目、小型室内音乐上有上佳表现，听绝大多数古典乐也适用，基本上可以做到“杂食”，偏向于人声。

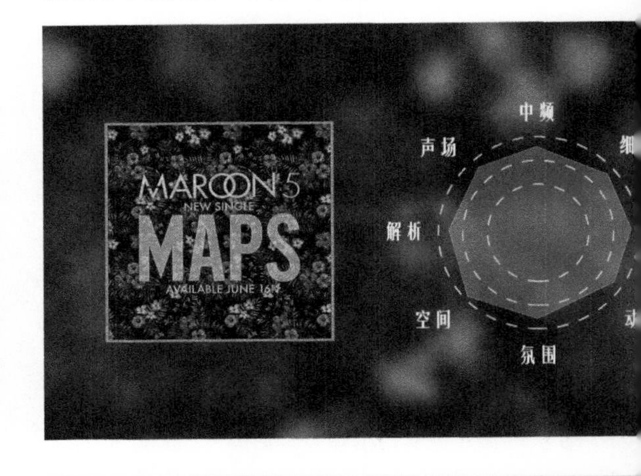

做到顶级寂寞吗？有时间来个对比吧。

HIFIMAN RE800 给笔者留下的印象：不论是佩戴舒适度还是音质都是同价位佼佼者。适合搭配专业播放器（这次是 901U），这次没有时间和专业播放器对比，以后有机会再比较。

单独写听感有的小伙伴并不觉得过瘾，因此笔者决定，择日再写一篇文章，将会对比 HIFIMAN RE800 和 Audeze iSINE 20，敬请期待。HI

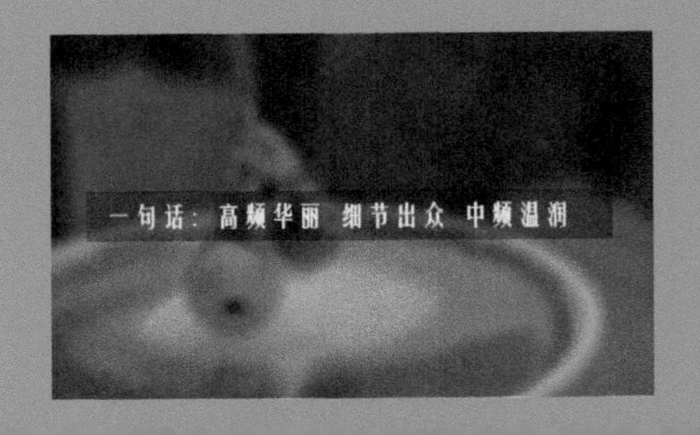

拨动岁月的唱针

静听爱欧迪 Plenue R 和达音科“隼”

图、文／流氓才子

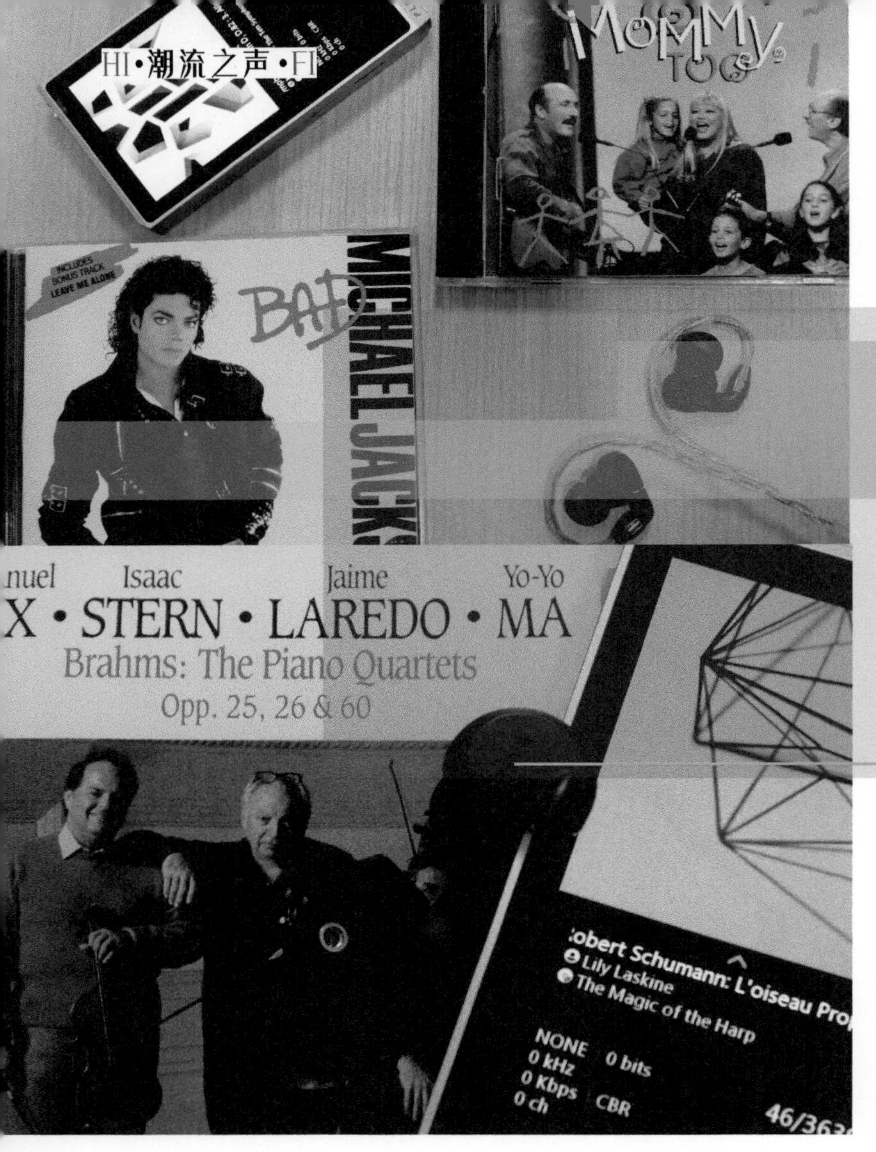

时光

2017年底的一个周末，两个小小的包裹一前一后到达了书房，拆开一看，两件精致的小玩具竟让我顿生恍惚，神游太虚，直到孩子拉了拉我的衣角，问道：你在想什么呢？这才定了定神，笑着告诉孩子，眼前这一副耳塞，一个播放器，让爸爸想到了十几年前的大学时光。

时光罗盘的刻度拨到了13年前的2005，彼时的国内发烧圈正是便携CD播放器被MP3播放器蚕食的年代，MP3播放器市场上如日中天的三大巨头分别是苹果、艾利和以及爱欧迪（iPod、iriver、iAUDIO，很凑巧的3个i，不是吗？），而耳塞市场还是千元以下平头的天下，眼下大红大紫的入耳动铁耳塞那时才初露端倪。临近毕业的我，用课余兼职的“外快”买下了爱欧迪G3和达音科s01这对当时对普通学生来说堪称便携天花板的组合，曾经还被同学羡慕了很久，也小心翼翼用到它们寿终正寝。

着实没有想到，13年后的今天，我又看到了这两个品牌的组合，来自爱欧迪的Plenue R便携播放器和达音科DUNU“隼”单动圈耳塞。

只是，时光荏苒，多年未见，包装上iAUDIO的字样已经找不到了，只独存COWON的LOGO。COWON是爱欧迪在2005年左右启用的和iAUDIO并列的双品牌之一，经过了多年经营，目前已经逐步替代iAUDIO，涵盖了几乎所有便携音频的生产线。这些变迁不由得让人想起当年的3个i，iAUDIO变成了COWON，iriver变成了AK，至于iPod，已经被苹果逐渐边缘化了，只有韩国的这俩兄弟依旧在音频的技能上越走越深，强者恒强。

COWON旗下便携播放器的顶级系列名曰Plenue，以音质和不妥协的做工为主打。对于Plenue R（以下简称PR）在整个Plenue系列中的定位，其实是蛮有说头的。从官方网站不难查询到整个Plenue系列目前已经在产的产品包括P1、P2、PD、PS、PR、PM，又是数字又是字母的后缀，乍一看颇让人费解与难记，然而这正是设计师调皮而含蓄的地方。其实Plenue系列的命名方式恰恰是由我们最熟悉的“Do”“Re”“Mi”“Fa”“So”“La”“Ti”音阶来的，唯一略有意外的便是对应“Fa”的那一款并没有命名为PF，而是命名为P1和P2（P2相当于P1mk2）。因此不难看出，PR在整个Plenue序列当中排名老六，但是目前这个系列最高端的只出到了“老三”PS，因此更有理由让粉丝们期待将来可能到来的PL和PT。

Plenue R

与官方宣传图上一丝不苟的棱角线条不太一样，当PR在手中盈盈一握的时候，你会更倾心于它的轻薄。四周的机身边框一体成型，金属表面处理得相当细腻，机器背面是带花纹的橡胶材质，既防滑，又减轻了机器重量。所有播放功能键都在机器右侧，唤醒键兼开关在右上端。整体来说，PR颜值颇高，附加一个“骚气”的跑马灯，能随着播放音乐的码率和机器本身的状态发出不同颜色的提示，而这幽幽一抹亮色顿时让PR在外形越来越手机化的便携播放器中脱颖而出。

和多数便携播放器不一样，PR的操作系统并没有选择安卓，而是深度定制的Linux系统。得益于Linux系统占用资源少的先天优势，PR无论是开机响应，还是操作流畅性，使用体验都极佳，完全感受不到这仅仅是一款1.2GHz双核A9处理器的效果，而且整体架构的高效也让PR的连续播放时间达到15个小时以上。虽然不像很多“安卓砖”那样提供可安装App的扩展功能，但是PR本机128GB的空间和预留的microSD扩展卡槽也让玩家们可以存放足够多音乐了。PR系统菜单设置相当人性化，即便是查找和点播音乐这样稍微复杂的操作，点触不超过5下即可完成。这一点上，只有同为“韩砖”的AK可以媲美。不得不说，在操作便捷性上面，“韩砖”是值得“国砖”好好学习的。

对于一款便携播放器来说，最重要的除了续航，就是音质，有一说一，多年未和爱欧迪这个品牌亲密接触，乍一听到PR的开声，发现和印象中用了多年的G3完全不是一个路子，恰似邻家有女初长成。十多年前的iAUDIO，音色浓郁暖厚，而如今的COWON PR，音色则显得清淡太多，这并不难理解。那些年还是128kbit/s码率MP3大行其道的日子，为了弥补MP3格式天生单薄的体质，播放器不得不走重口的路线。而如今，当HI-RES资源已经随处可得，新派代表的PR就完全没有必要妥协自身的音色，大可以甩开浓妆，本色出镜。

但是日常听久了，难免觉得PR音色虽然中性精准，两端延伸也颇为扎实，但是声音的底盘并不算厚实，重心是稍稍向上走的，整体来说缺了一点点“音乐味”，而这些并不是TI PCM5242这款DAC芯片的一贯特征，不禁让人有些疑惑。然而这么想恰恰是误会了PR，因为爱欧迪早在十几年之前就一直握有一个别家学不来的绝活：BBE音效。BBE是曾经在磁带随身听时代，爱华拿出来对抗索尼的buff加成，其效果是胜过索尼同期的DBB和mega bass的。这个技术并没有随着爱华的消亡而消失，在MP3时代，爱欧迪就凭借BBE独步江湖，一直持续到现在。BBE的听感简而言之就是让声音重播出来有一种模拟调音台上的音色。

因此PR的本底音色必须是较为朴素的，这样才能让加上BBE之后的听感不至于太过浓郁。使用多日之后我才无意间发现自己压根没有打开BBE的开关，从一个Hi-Fi爱好者的角度而言，我对EQ总是带有一些负面的印象，但是将BBE打开之后，发现技术的进步让当前的BBE音效已然相当成熟，开启BBE之后的PR虽然也会损失一些声音细节，但是带来的音色改善则是立竿见影、利大于弊的，耳畔的音符立刻变得有活力、更灵动了。实际使用中，我更习惯于用机器内置的BBE方案，而不是可以随意发挥的自由调节。对我来说，BBE更像是酒，少许助兴，多饮则是要醉倒的。未开启BBE的PR，虽然直白的声底对演绎各类音乐的适应面更广，但缺点是在风格和驱动能力上更计较耳机的选择搭配——所幸的是，这次与它搭档是老伙伴达音科。

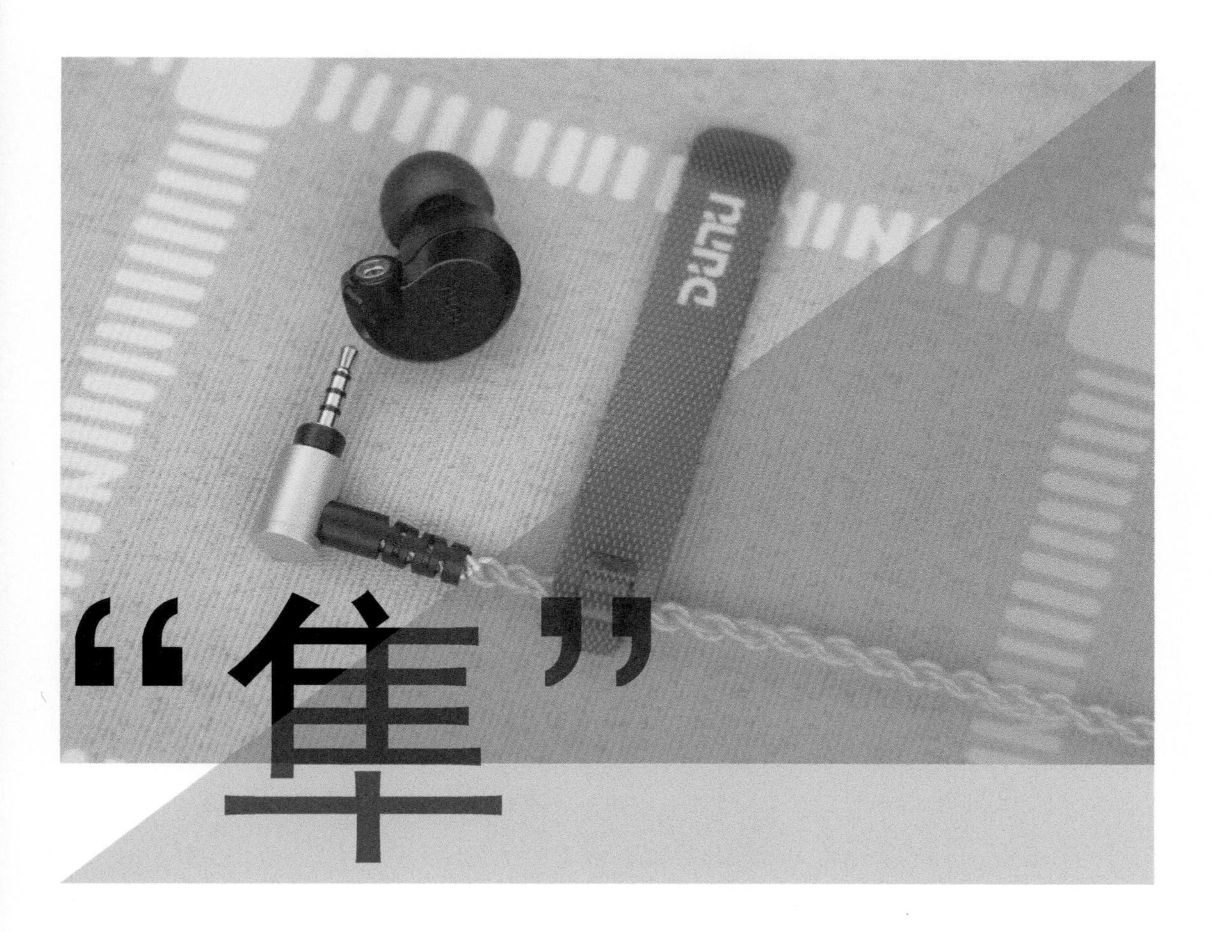

"隼"

这些年我关于达音科的印象就比爱欧迪要更丰富一些，究其原因是随着便携器材近几年在市场上的红火，更多发烧友在各类线下展会聚会上，越来越多地能看到以达音科为代表的一批优秀国货的身影。和早年只走动圈的路线不同，达音科从 2013 年起就推出了国内第一款圈铁耳塞，并在这之后一直专注于圈铁耳塞的开发和生产。但作为一个老用户来说，我更加心心念念的依旧还是他们看家的动圈技术。2015 年达音科推出的一款平价动圈耳塞 TITAN 5 一直是我外出佩戴最多的塞子，好声、皮实、易推、可靠。正当所有达音科粉丝的目光都聚焦在当下的旗舰圈铁 3001 和即将推出的 4001 之时，达音科却低调地推出一款新的旗舰动圈耳塞，单名一个霸气的"隼"，让笔者这样的动圈爱好者不禁喜出望外。

闲话不提，只说重点，"隼"除了是达音科的第二款以中文命名的耳塞，另有两项"业界第二"加身。其一，隼是业界第二款采用液态锆金属作为外壳材料的耳塞，液态金属属于非晶体金属，无晶界，极难产生谐波共振，是绝佳的声学材料。然而该材质没有被大范围采用的原因也很简单，液态金属的强度为不锈钢的3倍，耐磨、抗腐蚀，极其难加工，每一只隼身上浑然一体的光滑外壳都是机器和人工无数次打磨的结果。另一项"业界第二"是隼采用了碳纳米管作为振膜主要的组成材料，在一众耳塞厂商还在依赖石墨烯材质的时候，达音科已经将下一代的材质拿捏自如。

那么这样一个在技术上处于业界领跑地位的动圈新兵，会带来怎样的听觉效果呢？我与隼+PR的搭配磨合了两个月，分享一些机器煲开之后的听感。选取的音乐均是自用头版CD的抓轨，同时PR的BBE暂时处于关闭状态，完全给隼一个中性直白也略单薄的前端舞台。

首先登场的是彼得、保罗和玛丽三重唱组合在1993年发行的一张现场音乐会专辑《Peter, Paul&Mary, Too》，这是一场很特别的亲子演唱会，是许多当年听着他们歌曲长大的人，带着稚龄的孩子，"三代同堂"地前去观赏。整张唱片环绕着一种纯真的快乐。PR和隼的组合，将舞台上的3位歌者和台下的听众分离得很开，得益于碳纳米管的材质特性，隼的中频密度很大，远高于前一代的TITAN 5，凝聚度也做得不错，这样使得舞台上的人声更类似于近场式的聆听，亲切却不贴耳。不插电的乐器和人声在纵向上分得很开，吉他的泛音飘散出来，十分舒服，虽然不敢直接肯定这就是一条人声塞，但是至少能确定隼的人声表现绝对是一流水准的。

舒缓轻扬的现场演唱会过后，第一个登场的是迈克尔·杰克逊在1987年大卖的专辑《BAD》，开场的同名主打曲《BAD》就直接用大量鼓点将听者砸到节奏的海洋中。这种电子风味很浓郁的流行乐，很多时候背景的节奏会非常强调两端延伸，从而不小心把人声给淹没了，尤其MJ本身的嗓音也是嘹亮不太深沉的。隼的中频优势恰好弥补了这一点，在电光火石的伴奏之间，耳朵依旧可以清晰触摸到MJ充满张力的呐喊，但是美中不足的是在大量低频轰炸的鼓点段落，隼的下潜和量感显得有些松散，并不如TITAN 5那么拳拳到底。换句话说，刺激性方面可以表现得更张扬一点。

试听的最后一张专辑，选择的是古典音乐，SONY/CBS在1990年发行的勃拉姆斯钢琴四重奏，由当家老生艾克斯、斯特恩、马友友和拉雷多演绎（原谅我实在想不到同期在CBS还能有更华丽的室内乐组合）。古典音乐永远是衡量器材搭配是否优秀的试金石，在PR+隼的演绎之下，每个乐器都像是个性迥异的歌手，深沉的大提琴、含蓄的中提琴、明亮的小提琴和稳重的钢琴，没错，你能听到略带温暖的音色，你能听到流畅平滑的旋律线，一切都和这部典型的浪漫主义作品合拍。但是优点被放大的同时，先前系统在低频上的犹豫，此刻也变得更加明显，虽然隼的声场规模还可以，但是大提琴和钢琴在低频段能量的松散，让乐队整体的气势仍略显保守，勃拉姆斯作品的精髓乃是“闷骚”，绝不是保守，所以在小编制古典乐方面，这套组合可谓得其形但未得其髓。什么，你要问大编制的表现？已经值回票价的组合你还要什么自行车？

2018年的新年春晚，王菲和那英时隔20年再度联手，唱出一首意犹未尽的《岁月》，于我而言，时隔13年，爱欧迪和达音科这两个对我个人颇有意义的品牌再度聚首，亦是百感交集，任岁月流淌，音乐不变，初心不改。HiFi

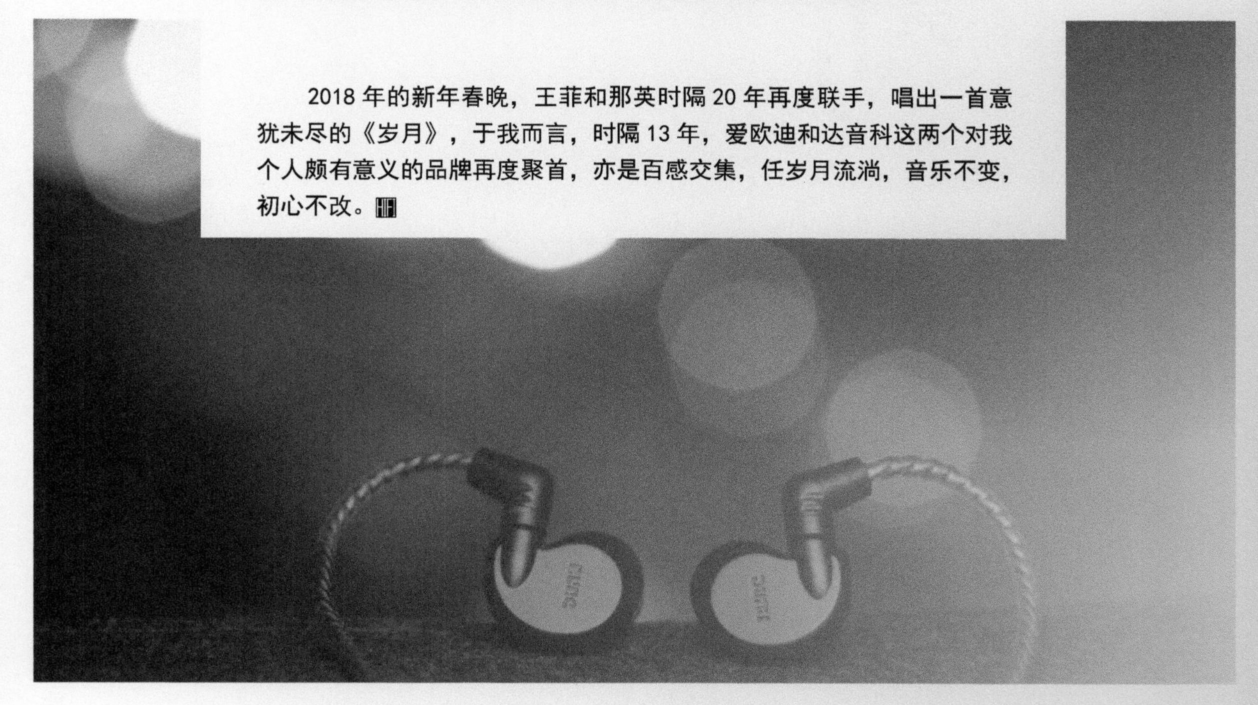

特别企划

为何无源？
笔者去展会采访了创始人，他说做有源监听音箱不难，但他有几点顾虑：单元会受电磁干扰、电子元器件易损、AD 和 DSP 芯片易过时，而“分体”更划算，只需升级功放。
Anssi Hyvonen

殊途同归，换一种方法玩 Hi-Fi
——游走在发烧世界的监听音箱

作者介绍：

飞飞 ｜ Exound 创始人，前 Avid 产品专家、音乐学院讲师，专业音频行业特约撰稿人

小编想吐槽一下这位作者的是：为何您总喜欢以专家视角，挑战 Hi-Fi 发烧友的听音观呢？殊不知，Hi-Fi 本质上也是求真的，至少在这一点上，和监听的世界是殊途同归的！

不过吐槽归吐槽，感谢飞飞老师在此文中，向广大 Hi-Fi 发烧友强烈推荐的 4 款监听音箱，据说常听这 4 款音箱，也能纠正听音观。——虽然，这完全是站在他“专业音频行业特约撰稿人”的视角上的。

监听专题

1. Amphion One12
2. Dynaudio Professional BM6A
3. Avantone Pro Abbey Mk III
4. EVE SC3010

1

Amphion 无源监听的反攻

文/飞飞

作为“数据党”，我坚信科技的方向是高集成与低能耗，因此“有源”音箱没有回头路，但近年监听行业陆续冒出Auratone、ProAc、Graham、MunroSonic、JBL 7系等无源监听音箱，连面向大众市场的 KRK 都偷偷推出无源音箱R6。与近年黑胶设备在民用圈暴涨（据BBC调查，41%的人把黑胶设备买回家是作装饰）不同的是，职业音乐人不光懂音乐——每天还要用音箱工作数小时。

[外观篇——包装 | 配件 | 设计 | 细节 | 说明书 | 品牌·产地——得分5]

“编者：飞飞此次为读者朋友们一共推荐了4款在不同价位和不同尺寸上，他认为适合让挑剔的Hi-Fi发烧友们感受一下真正监听音箱实力的家伙！不过小编在排列它们时犯了难，最终我们把“芬兰之声”放在第一篇，给自己找两个理由，第一个原因是它是在Hi-Fi圈卖得很火的Amphion；至于第二个嘛……

因为它的体积最小！本着由小到大的原则，那就从它开始吧！”

Amphion

在众多新上市的无源监听音箱公司中，有一家收割了音乐人更多的关注——国外热门音频论坛Gear Slutz讨论它的帖子有高达200页回复和80万+点击量（远超10年前刚刚冒头时的Barefoot），它取代Focal成为了Antelope在乐展上的御用音箱，最近连张亚东老师也收了一对（当年还是他给我推荐的Barefoot），这个牌子就是Amphion。Hi-Fi圈的朋友可能比较熟悉：不就是“芬兰之声”吗？（编者：“芬兰之声”应该是后来的代理商取的名，15年前发烧友刚认识这个牌子时，曾经叫过“安菲翁”或“奥菲德尔”。）

是的，现在这个牌子开始玩监听音箱了！之前职业音乐人只知道芬兰有 Genelec（真力），它几乎是监听音箱行业的标准制定者，一直以精准为己任，并引领行业使用高新科技和环保材料。都说北欧工业是“冷淡”设计，Amphion 和真力是同一风格吗？

小编第一次看到 Amphion 时，还以为放反了，因为上面的白圈比下面的白圈大，视觉重心靠上。

高音头还有保护网罩，可防小孩误碰。

谁更能代表芬兰和北欧？

如果读者登录官网查看厂商的官方视频，会发现居然有中文，在众多欧洲本土品牌中，这样的“服务”比较难得。

净重

体积不大，但 MobileOne12 的重量却不小，单只 4.6kg，已接近常规的 5 英寸有源监听音箱了（例如 JBL 305 也是 4.6kg，真力 M030 是 4.9kg）。

官方还有“MobileOne12”套装，虽然价格并无任何优惠，但会赠送量身定制的木制手提箱。

芬兰制造

包装箱上还有个“Handmade in Finland”，Amphion 的工厂其实离同行 Genelec 还不到 100km。

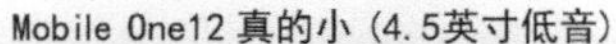

Mobile One12 真的小（4.5英寸低音）

配套功放

Mobile One12 原厂推荐的功放是单通道 D 类放大（100W@8Ω）——Amp100 mono，体积与 MobileOne12 非常搭配，0.8kg 的净重也很便携。

Amp100 mono 采用列支敦士登原产插头，用料考究，参数与双通道的 Amp100 一致，应该是半个 Amp100（价格也刚好是其一半），只是输出接口的方式不同。

原厂线

Amphion 音箱和功放都不带线，原厂线不便宜，2.5m 单根为 150 欧元，用的是 Neutrik 插头和镀银线（有点硬），不过由于很细，所以不影响柔韧度。

原厂音箱线似乎来自 Hi-Fi 界大名鼎鼎的 Chord，不过欧姆音箱线插头就不是 Hi-Fi 圈习惯用的接插件了。因此 150 欧元的零售价倒也不奇怪，毕竟 Chord 自己的入门音箱线也要贵过这个价格。总的来说，对于习惯了无源音响系统的 Hi-Fi 玩家，功放 + 音箱 + 音箱线，这样的外形和使用方法是大家最容易习惯的。

［外观篇——做工｜用料｜工艺｜技术｜软硬件｜功能・易用性——得分 4］

为何无源？

笔者去展会采访了创始人，他说做有源监听音箱不难，但他有几点顾虑：单元会受电磁干扰、电子元器件易损、AD 和 DSP 芯片易过时，而“分体”更划算，只需升级功放。

编者：Amphion 老板对飞飞说这段话的背景是什么呢？现代有源监听音箱，主流是 DSP+D 类放大器，这就势必要用到 AD 转换芯片（Hi-Fi 发烧友常用的 DA 解码器的逆过程，其实眼下火热的法国 Devialet<帝瓦雷>功放，里面用到了这样的东西）和 DSP 芯片。而这两种东西的更新换代速度——熟悉 IT 行业的都知道，跟智能手机相比，也慢不了太多……

均匀导向扩散

高频拥有指向性，近年音箱厂商陆续加入 Waveguide/ 波导面板来控制高频扩散，应该说各家都有，但名称不同，真力的叫法是“DCW”。

不过 Amphion 波导面板的材料不是塑料而是 Corian 人造石，官方没有说对音色有何影响。

全金属单元

Amphion 高音头是钛球顶，低音单元、被动单元都是铝振膜，这种“全金属”搭配在监听音箱行业并不常见，它的特点是振动速度快且不易形变，满足监听音箱爱好者对准确性的要求，不过 Hi-Fi 圈的朋友会觉得声音“硬”一些。

Amphion 的 Hi-Fi 产品线都采用后置倒相孔，而监听产品线都采用后置被动单元，通常厂商描述这种设计是为了“扩展下潜”，但创始人说是为“增加低频准确性”。

超低分频

分频通常依单元特性而定，主流两分频音箱通常在 3kHz 左右分频，其实这是人耳敏感度极点，因此丹拿新款 LYD 系列改用 4kHz 附近分频（对低音单元有压力），避开了敏感点。

Amphion 用了另一种做法：1.6kHz，这比 4kHz 更理想，因为 1.6kHz 刚好是人耳敏感度的小波谷，但这个分频对高音头会有较大压力。

箱体与电路

箱体和电抗意料中的整洁，低音单元多加了木框固定；小音箱的分频也简单，采用粗线大电感、水泥电阻、M.D.L 电容、Amphion 还定制了个黄色分频电容。

高／低单元

笔者居然没能拆下主单元，不敢用力。幸好 Amphion 已被 gearslutz 网友“扒个精光”，MobileOne12 采用了 SEAS H1207 低音单元（€ 51/ 只）和 E0039 高音单元（€ 208/ 只），单元成本可能占到 MobileOne12（€ 660/ 只）的一半。

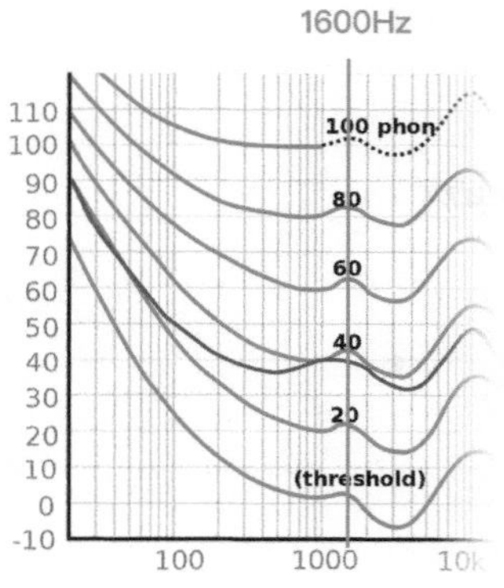

功放拆解

它采用了邻国瑞典 Anaview 的功放，沃尔沃御用的车载搭配，之前我在 Sceptre S8 见过，型号为 AMS 0109，带有“自适应调制伺服”技术，115dB 的动态对功放来说已经高得离谱了。

被动单元

在大音箱上经常会是“仅振膜”和“振膜加框”两种，但 Amphion 还有黄色复位弹簧！离完整单元只差音圈和磁铁，速度尽可能与主单元同步。

［音质篇——均衡度｜下潜｜延伸｜声场｜瞬态｜三频衔接——得分 5］

超低分频

我想起听过的无源 Hi-Fi 音箱——很多监听厂商也出 Hi-Fi，比如 Focal，都是夸张的“微笑曲线”，高音脆、低音“劲”，以前不明白为什么大众喜欢这种像 PS 过的声音，后来去工厂调试音箱才明白是因为低音单元擅长低音、高音单元擅长高音，双分频音箱很难简单解决中频缺陷。

MobileOne12：拥有“原始”的清晰度

不依靠电子 EQ 和 DSP，声音居然能做这么平直，官方还敢公布频响图，一般无源监听音箱厂商都不公布。听起来高／低频只是略多，在常见的无源监听音箱里应该并不多见。我习惯性想去音箱背后将 HF/LF 各衰减一格，才想起来它不能调试。而且我发现音量也调不了。Amp100 mono 没有平常在有源音箱里常见的“前级板”，输入信号直接进入后级板，但也因为众多功能的缺失，让它拥有“原始”的清晰度。EQ 和 DSP 可以弥补缺陷频段的“量”，但不能弥补缺陷频段的解析度（而且有损），Amphion 提供的是实实在在的原始解析力，这种“快”和“清晰”很难形容，很多有源监听音箱也都快速清晰，只是听完 MobileOne12 觉得之前听过的有源监听有点慢、有点浑。加上 MobileOne12 全是金属单元和特殊的分频点——1.6kHz，1.6kHz 以上全是高音头负责的，这是涉及笛子／镲片等高音乐器的基频，它们常由“干粗活”的低音单元负责，现在由细腻高音单元表现，感觉这些乐器贵了一倍，普通高音单元可能也为难，但这是单只€ 200 的高音。

小遗憾是，MobileOne12 在我们 60m² 的试听室里声音显得单薄，按照 ±3dB 的录音行业标准，它的下潜大概在 100Hz——背后的被动单元没有增加它的下潜，小房间可能好些，但如果想要完整的声音，只能考虑“弥补缺陷”的有源监听音箱，或上 MobileOne15/18（下潜分别有 70/40Hz），奇怪的是，Amphion 旗下 Mobile One12/15 的下潜均不及同尺寸有源监听音箱，而 Mobile One18 没有这个问题。

Exound 提供的实测曲线和官方接近

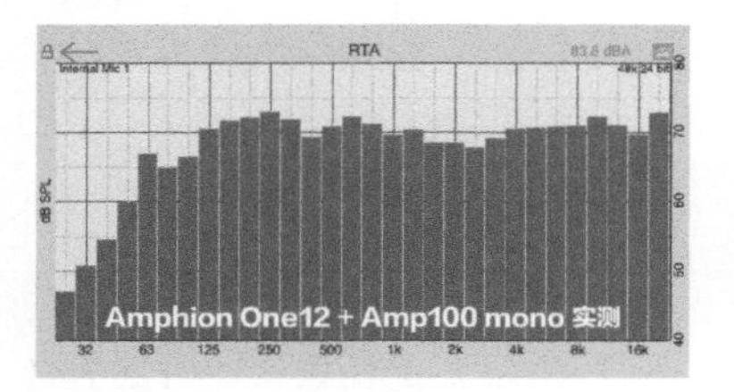

这次我们只测了 MobileOne12，如果对 Amphion 感兴趣，Gearslutz 上有很多录音师网友的自发测试，下面是 Two18 的，感觉 Amphion 全系列能将频响控制在 ±4dB（下潜居然有 30Hz）。

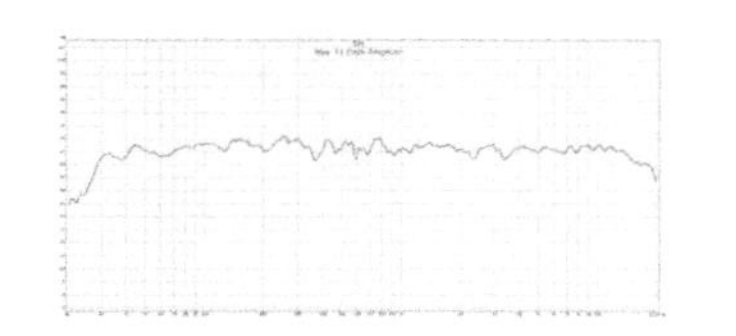

选择有源还是无源

这个问题现在更复杂，因为出现了新物种：“新无源”和“DAC 功放”。

在 PMC 的有源音箱产品页面里，你可能奇怪：那些带“A”的主监听（如 BB6-A）为何还有外置功放？——分频放在了功放里，音箱内部没有分频器，JBL 旗舰 M2，丹拿声学 M3/M4 也是这种设计。JBL 7 系还分两种制式：“Powered/有源”和“Install”，有源音箱并非所有场合都方便（需电源线），无源音箱接一根线就响，遇到密集音箱系统（如 64 通道全景声），无源音箱除了减少一半线材，还能通过多通道功放来管理音箱。

上面两者离普通人还远，但“DAC 功放”就近了，功放已经能做得很小（很多大功放里无比空旷），DAC 也能做得很小，半 U 体积就塞得下解码 / 放大系统，再加上蓝牙功能，手机无线播放更方便。当然，有源音箱也在整合 DAC 和蓝牙。

还是回到评测的主角 MobileOne12，单只价格€ 660，考虑到单元占一半成本，感觉还挺划算，但原厂功放不便宜，笔者觉得，干脆自己配功放，要么用二手经典功放，要么用方便的“蓝牙功放”。

回到开头，Amphion 和真力谁更代表北欧？

两者都简约漂亮、科技含量不低（这对无源音箱更高）、爱用快速准确的金属高音，同尺寸真力 8020 无疑比 MobileOne12 音色更准（±2.5dB）、下潜更深（62Hz）、更便宜，无源监听音箱的优势是原始的声音、乐趣和仪式感，始终会有音乐人追求硬件 EQ、电子管箱头和模拟 summing。

我们和 Amphion 创始人也聊到了真力，他认为沃尔沃、爱立信、ABB、哈苏这些品牌采用的精密工艺只是北欧的一面，他们还有凶猛的金属乐队和维京文化、萌萌哒的乐高积木和愤怒小鸟、感性的宜家 /H&M 和 Spotify 等，每个地区、民族都是多样的，不止一面。他想做的就是将感性元素更好地融入理性监听音箱。

编者：本专题第二个出场的是Hi-Fi发烧友更为熟悉的品牌，大名鼎鼎的丹拿！只不过不是丹拿民用，而是面向专业市场的Dynaudio Profession（原Dynaudio Acoustics）。1998年上市的第一代BM6A历久弥新，BM系列其他型号已经发展了3代，甚至丹拿声学都已经换了商标改名丹拿专业，同时代的对手ADAM S2A、真力1030均早已被换代停产，而它依然是它——BM6A可能也是广大Hi-Fi玩家最早接触和流传最广的高端有源监听音箱之一！

最老！毫无疑问的，这也是本期专题中资格最老的选手。

BM6A为何还不停产？

文/飞飞

由于语言和收入差异，国内玩的东西总是比欧美慢半拍，就像很多总代理抱怨的：某设备在国内刚火一两年，国外就将它停产了，因为产品在国外的生命周期已过。

例如你想收一对20世纪90年代录音棚通行的“老白盆”时，它停产了；当你听说业内第一对“近场有源监听音箱”是1989年的Meyer Sound HD-1时，它停产了；当你知道乔布斯生前御用音箱是真力1029A时，它也停产了，不过，监听圈还真有一个例外。

初代丹拿 BM6A、BM15A 依然“健在”

“老六” 和 “老十五” 在1997年上市，快20年了，我想可以算是监听界老前辈了。

2007年BM MKII推出时，笔者以为“老六”会顺理成章地停产，然而并没有；2014年BM MKIII推出时，我想它总该退出了——非但没有，价格依然比新款贵出一截！现在BM系列继任者LYD系列都发布了，笔者想了一下，“老六”和“老十五”依然没有停产的可能。

现有BM MKIII系列非常混乱，型号与尺寸混乱（初代BM5真的是5英寸），前/后级方式也不统一，有数字箱也有模拟箱，LYD正是为解决这个混乱而生，而且上市价与BM MKIII太接近了，数字箱BM5 MKIII和BM Compact MKIII必定停产；而模拟箱BM6/BM12 MKIII和LYD的价格也相差不大，丹拿自然更想保留价位更高的“老六”和“老十五”。

丹拿为何不敢停产“老六”？一款20年前的监听音箱凭什么卖得比高科技的MKIII和LYD更贵？我们今天来解开这个谜团，这应该是笔者十几年来评测过的最老的设备了。

丹拿监听历史

1990年，近60岁的创始人Ejvind离职，丹拿进入高速发展期，并与录音棚教父Andy Munro合作成立Dynaudio Acoustics监听部门，代表Munro的M系列主监听音箱成为大型录音棚的新贵，1996年，丹拿推出首对近场监听音箱BM5（无源），1997年推出有源音箱BM6A和BM15A，之后与数字音频巨头TC合作推出AIR系列数字监听音箱。

[外观篇——包装|设计|配件|细节|说明书|网站|产地——得分5]

外包装

这对立式监听居然是横式封装，由于国内总代理刚刚变动，我们暂时没有看到新的防伪标。

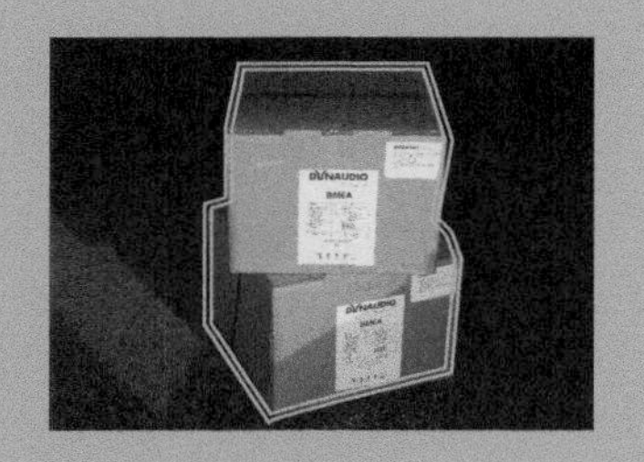

净重

净重10.8kg，略轻于官方标称的11kg，比BM6 MKIII(10.6kg)略重一点。

Made in Denmark

双保险管（一只备用）、115/230V电压切换，细节都很体贴到位。

原厂附件

原厂附件估计跟20年前一样，只有一本说明书，不过提供了两种插头的线，长度都是标准1.8m。

外观

外观貌似20年来没变过，比BM6 MKIII大一点，而且还在用早已取消的Dynaudio Acoustic标识，见到它，不由得使人惊呼"脸上咋全是弹孔/螺丝？"，满满的工业风设计。

近年来，中高端监听音箱陆续改为D类/G类功放，我们已很少在万元监听音箱上看到这么大的散热片了。

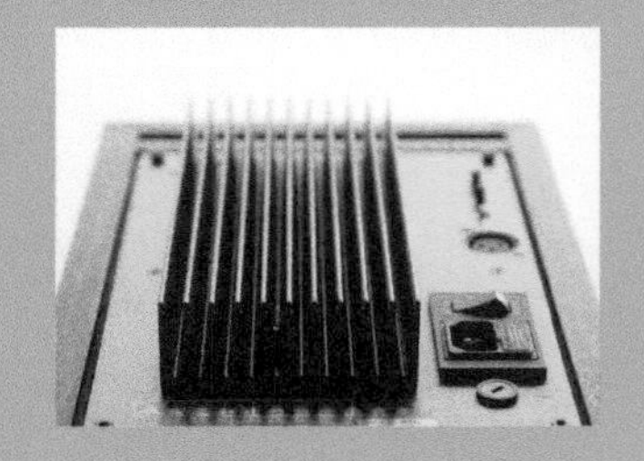

技能篇——做工｜用料｜工艺｜技术｜软硬件｜功能｜易用性——得分 4]

高音头没有现在常见的“波导凹面”，其实这也影响不大。

BM6 MKIII 采用“压缩倒相孔”，但 BM6A 还是采用传统“直通管道”。

背面板可调项有 3 个。

HF Trim：>3kHz 高频衰减，下文大家会明白它的用处；

LF Trim：<100Hz 低频衰减，可根据自己的房间来调节；

Level：用真平衡输入请开到 +4、若用非平衡转平衡方式请开到 -10（音量更大）。

指示灯

近 LED 右边的小灯是通电指示灯，先红后绿（等 10s），如果功放太热，它也会重新变红，这时要关机等待。

左边红灯是过载指示，如果亮起，要降低声卡音量。

螺丝和 BM6 MKIII 的 SPAX 不同，来自叫 YQF 的品牌。

散热通道

BM6A 独立功放腔体的散热通道，BM15A 同样也有（设计在上下，而不是左右）。因此请注意避免在潮湿的地方使用。

电路设计

电路设计真的很“模拟”，连接 TL074 运放都是长条的旧款。我注意到电路板上有生产日期：2007/04/28，这真的是 10 年前生产的。

电容旁边有两个保险管，功放片旁边还有两个，这样电路板共有 4 个管，加上插头上的两个和电源线的一个，每只 BM6A 上就有 7 只管。

功放

功放来自两组 IRF5210 和 540N（MOSFET 对管），高 / 低音都是 100W，高音功率在近场箱中可能是最大的，芯片还采用了特殊的“六角形”微结构，官方称之为“HEXFET”。

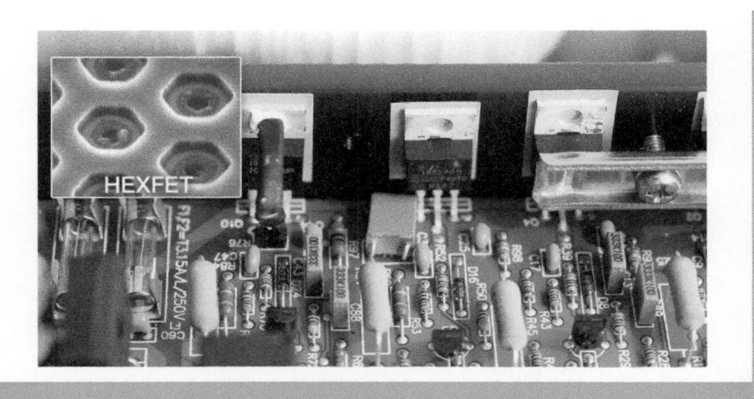

高音单元

高音单元编号为 81622，看样子很像 BM5 MKIII 的高音单元，不过这是丹拿史上研发成本最高的单元之一：Esotec D260，成为一代经典。

低音单元

低音单元编号为 84862，这是经典的 17W75EXT，改进了老款 17W75 高频延伸不足的问题，并带有磁屏蔽。而 BM15A 低音是 24W100，100mm 超大音圈在今天看来还是难以想象的数字。

17W75EXT 的 eBay 二手价在 $250/ 对左右。

[音质篇——均衡度 | 下潜 | 延伸 | 人声 | 声场 | 瞬态 | 三频衔接——得分 5]

BM6A 的声压 / 音量较小

声压比现在的主流监听音箱少了 5 ～ 6dB，BM6A 的说明书给了两个声压参数：峰值 118dB、额定 101dB，后者更有参考价值，这比 EVE SC207（106dB）或真力 M040（107dB）小了近一倍。这是理所当然的——20 年来有源监听音箱的推力（尤其 D 类）起码大了一倍。

不过别担心——现代专业声卡的推力也大了一倍，笔者平时听歌的音量在 -40dB 左右，这对于“数字音量控制”的声卡意味着少了 40dB 动态，而听 BM6A 时放在 -35dB 左右并没有什么影响，声卡还能以略大的动态输入到音箱。

BM6A 略微有点“个性”

原厂声音略微偏亮，大概有 2 ～ 3dB，但亮得很独特，有点“甜”，它不是微笑曲线，因为低音并不多；另外高音衔接非常平滑、自然，好像歌曲本身就是如此。我们将背面板的 HF 衰减 3dB，这下非常准确，但好像又没那么平滑，推荐大家试试 -2dB。

如果抛开声压差异和那一点点个性，BM6A 依然宝刀未老，细节丰富，在同价位上依然是 Focal Solo6 和 Genelec 8040 的有力竞争者。后两者的中频稍微靠前，适合录 / 混音以及挑错，而 BM6A 声场深远，可能还适合家用，这和它粗犷的外观相反，无论长什么样子、无论 Hi-Fi 还是监听、无论 20 年前还是现在，丹拿还是丹拿。

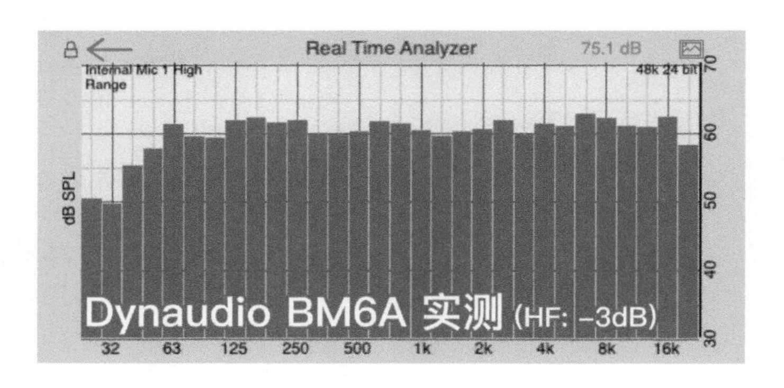

其实 2007 年的 BM6A MKII 调试很接近老 6A，只是略微收敛了一点，而 2014 年的 BM6 MKIII 就非常平直了，你可以说它更准确，也可以说它没个性。其实 BM6 MKIII 一直是万元价位笔者的首选之一，不过听完 BM6A，我又陷入了沉思。

[选购篇——保修 | 国外价值 | 国内价格 | 行货水贷 | 购买渠道 | 优惠价格——得分 5]

BM6A 的评测在预告期间，已经有网友评论得很到位：“这箱子是对自己，也是对整个音频界的嘲讽”，毕竟“20 年前的技术，拿到 20 年后还是可以竞争。”其实在专业音频圈，这样的例子确实不多，但少数几个说出来大家都知道：Neumann U87，1968 年发布，1986 年小升到 U87 Ai，后来的就 30 年没有升级了，今天不光“可以竞争”，而且是行业标准，只要你装录音棚，就得有一只，再例如 SM57、SM58 动圈话筒（1959 年初版），以及 SONY V6（1985 年）和 7506（1991 年）。

只要成为行业标准，产品就被市场“绑架”了

这时厂商也无能为力（“标准款”的利润会打得很低，经销商都不想卖），Neumann 先后想用 U89 和 TLM103 取代 U87，结果没有结果，而 SONY 前几年希望用“7510”来取代 7506，这个型号我差点都记不起来。

丹拿做过很多尝试，2007 年的 BM6A MKII 更便宜、更平直、音量更大还有，压缩倒相孔、弧形抗衍射面板，如果还有很多人买“老 6A”，你想丹拿怎么办？

当然出第三代 BM6 MKIII 啊：波导面板、更平直、送悬浮架。如果这样还有很多人买老 6A，那该怎么办？

也许“Dynaudio Acoustics”是一种情怀，也许老 6A 是一种信仰。

近年黑胶唱片突然在欧美火爆，连涨 5 年，这是因为黑胶的音质更好？使用和分享更方便？曲目更多？还是储存更久？谁也没法预料市场。

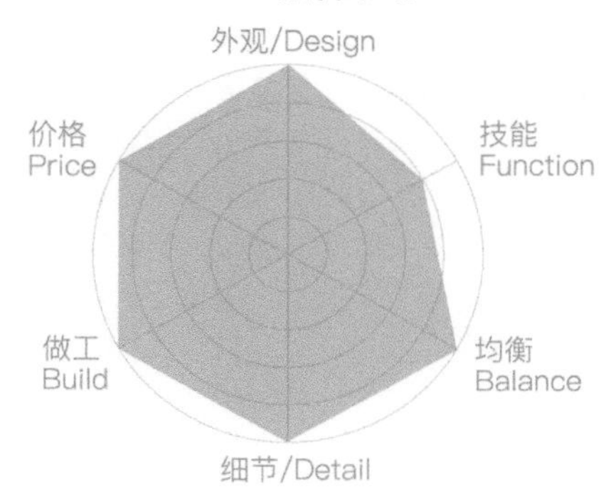

3 降维打击

——Avatone Abbey 非典型的超级三分频监听音箱

文 / 飞飞

编者：本专题第 3 个露面的，对于发烧友们来说，可能是一个完全陌生的角色：Avantone Abbey。它的制造商 Avantone Pro 并非传统的监听音箱品牌，它以制作高性价比话筒闻名于业界——也许正因为如此，Abbey 作为其意图打破传统音箱市场版图的作品，配置上别出心裁，向 3 倍于自身售价的高性能中场监听音箱看齐，而售价却仅比万元级二分频近场监听音箱稍贵。

最奇！——作者强烈向小编建议选入这款不拘一格的家伙，不过它的奇特属性也确实值得各位一看。

能做大型监听音箱的厂商，通常都能做小型近场监听音箱，除了 Barefoot。之前他们最小的 MM35 都是双 7 英寸三分频的中场监听音箱，后来推出的 MM45 勉强能称为近场音箱，但又“基因突变”抛弃了标志性的背靠式低音单元，而今年推出的 Footprint01，价格减半，体积反增——双 8 英寸三分频，依然不是给普通消费者使用的。

当然 Barefoot 并非没有“致敬者”，去年冒出来的 Kii Audio 从体积上貌似适合小录音棚和家庭使用，而且采用 4 英寸 ×6 英寸单元设计（后面还有两个），6 个单元都是有源的，外观也秒杀一众监听厂商，然而价格比 MM27 还高。

笔者理想中的设计是：

双 6 英寸背靠式三分频音箱，既然没人做，小编就和朋友们琢磨着 DIY 一对，而且成本要控制在万元左右。我们设计到一半，网友发帖说，这事早已有人干了，制作者来自 Avantone，一查发现他们的初版在 2010 年就发布了，没有比 MM27 晚多少，现在已经在制作第三版音箱了。

他们的音箱型号借用了一个音乐圈耳熟能详的名字：“Abbey”。音乐人和发烧友都应该熟悉这个词，因为它代表着 Abbey Road Studios 录音室，这里几乎是整个 20 世纪唱片录音发展史的缩影。

他们所采用的就是笔者理想中的“双 6 英寸三分频背靠式”设计，价格也更亲民一些——$999/ 只，大概是 Footprint01 的一半，比 Focal Solo6 还便宜不少，而且拥有 Barefoot 没有的黑科技——气动单元和 HD 类功放。

[外观篇——包装|设计|配件|细节|说明书|网站|产地——得分 5]

外包装

熟悉的双层包装，体积比 8 英寸监听的包装大一点，但没想到非常重，内包装抽了几次没抽出来，最后用平躺的方式抽出来了，留意 Avantone 为所有产品提供 5 年质保，包括音箱，据我们所知监听里没有比这更久的。

黑色钢琴漆给我们的评测带来不少困扰，因为不敢触摸，如果你也担心这个问题，还有奶黄版本可以选择，这个版本不容易显指纹。其实黑色是近年推出的，奶黄色一直是官方版的标志。

净重

这款音箱除了不敢触摸，还有个难点是搬不动，实测比官方数据还重一点，达到 16.5kg，给它拍不同角度的照片真是个体力活。

无电源灯

音箱上没有电源指示灯，背面板的开关有电源灯，但亮度也不够，所以很难知道 Abbey 是开还是关，加上它没有自动待机功能，普通用户就得多留意了（棚里一般有电源时序器，所以不用操心）。

[技能篇——做工|用料|工艺|技术|软硬件|功能|易用性——得分 4]

功能

功能有 Combo 平衡输入、断地（电源插口上方有接地的螺丝）、音量旋钮（用了电吉他旋钮），还有 ±1dB@10kHz。

近年采用“气动高音单元”的监听厂商激增，成为新趋势。Abbey 的高音振膜面积有 36.4㎠，比普通的气动高音单元更大（例如 A7X 高音振膜是 24.2㎠），通常意味着中频的处理更好。在 1999 年，录音行业只有 ADAM 一家用了气动高音单元，从 2011 年开始至今，这个数量迅速增加到 10 家：德国的 EVE、HEDD、Monkey Banana，美国的 PreSonus、Avantone、Samson、Fluid 和 Emotiva，以及英国的 Unity Audio 和 Quested，这些估计仍在增加中。

中音看似 PP 盆，官方说是加拿大纸盆，用了碳纤维和“云母纤”涂层，环圈是“折叠式织布/Accordian Cloth Surround”，常用于 8 英寸以上单元，以提高声压和速度，在中音单元上少见。

Abbey 的高/低音共享主腔，中音是独立腔体。双低音应该是“背对式”，不是 Barefoot 那样相连的背靠式，避免专利纠纷，低频向两边发声，低音的强烈振动基本不会影响箱体。

高音单元带有屏蔽罩，不受低音气流影响（中音也带屏蔽罩），由于不是封闭箱体，双低音之间气流也不会影响。

单元铭牌全都是“Avantone”，没查到资料，不过高音单元很像Dayton旗舰AMT1-4，网上零售价为$215/只。

PreSonus R65用的是AMT2-4，零售价为$75。

电路自然不如Barefoot优雅，但也不差。前级板来自Avantone，后级板来自加拿大Audera（注意官方在美国和中国都有专利保护）。

前级板的小DSP来自ADI ADAU1701，集成的Codec信噪比为100/104dB，内部转换采样率24bit/96kHz，后级板较复杂，拆不动。型号是Audera HD400-2.1，官方（Audera.co）有详细参数和文档，这块功放板用了一个我们之前没有听到过的技术：Class HD。

这是Class D的改良方案之一，引入了可变电压来提高效率（有点像Class G对Class AB的改良方式），官方宣称效率≥93%，发热更低、信噪比更高、失真也更低。

采用Class HD的厂商还不多，但已经有音频巨头开始尝试，包括Crown、dB、RCF和Definitive等。

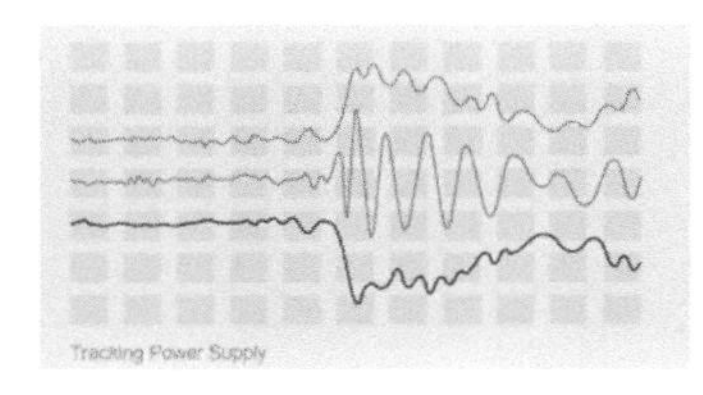

Class D看似在近年才取代Class AB成为中/高端监听音箱标配，不过它是很“古老”的技术，1964年英国公司Sinclair Radionics已开始量产Class D功放（型号为X-10），苹果公司1999年发布的G4电脑已采用Class-D改良的Class-T功放芯片。而Class HD技术非常年轻，2013年申请专利，专利持有人是音频芯片巨头Analog Devices（ADI），3位发明者都是华人。

最后对比一下Avantone在售的3对监听音箱，它们采用完全不同的设计，Mix Tower的中/高分频点非常奇特：8kHz，这是因为它有个100%模仿MixCube的功能。

[音质篇——均衡度|下潜|延伸|人声|声场|瞬态|三频衔接——得分5]

要在成熟市场立足，小厂商的理性做法是主打“特色”，例如Avantone之前的MixCube、例如PreSonus Sceptre或APS Coax，其实Barefoot的产品线也很“窄”，完全放弃销量最大的近场监听市场。

但Abbey走的并不是特色路线——它想跟主流万元监听音箱正面较量。由于体积看似“正常”，你会忍不住拿Abbey与万元级双分频对比——差别有点明显，无论下潜、声压和细节，Abbey都是如假包换的三分频“小中场”，在万元价位上有点“降维打击”的感觉，这也是当年MM27完虐传统中场监听音箱的原因，毕竟用的是Main Monitor的规格。

评测室里最接近Abbey的是SC407（双6英寸三分频气动），之前的MM35评测中两者各有胜负，主要模块的功放和电源来自同一供应商，盲听之下难以区分档次，只是SC407首次实现了中场监听音箱的国产化，性价比更突出，相当于国产宝马5系。

Abbey 让我们感到困惑的是——盲听对比时，它与 SC407 并没有太明显的档次区别，各有胜负，SC407 的 SilverCone 单元在中频和低频上更结实，但优势不大，而 Abbey 的高音头表现突出——它更像振膜面积更大的 SC3010，尤其是 8kHz 附近的提升，3 对音箱切换时，Abbey 听感更像 SC3010，虽然没有和 MM35 直接对比，但结果大致可以预料。

它真是万元级监听的噩梦

幸好 Abbey 还有两个小问题：一是 Class HD 功放推力略小，比主流 Class D 监听小了 12dB 左右，不过现在专业声卡推力超大，在连接音量开到头的 Abbey 时，笔者的 Apogee Duet 音量大概在 -24dB，连接 SC407 或 Genelec M040 时只需不到 -36dB；第二点是 6kHz ～ 10kHz 的小缓坡，音箱背面的 10kHz 开关开到 -1dB 时高频整体更准确，但也会造成 12kHz 以上超高频衰减；开到 +1dB 可以让声音更通透，但 6kHz 的齿音会过亮。这也取决于你的房间，吸音较猛的录音棚可用 +1dB，普通客厅如果直接反射太多，-1dB 更合适。

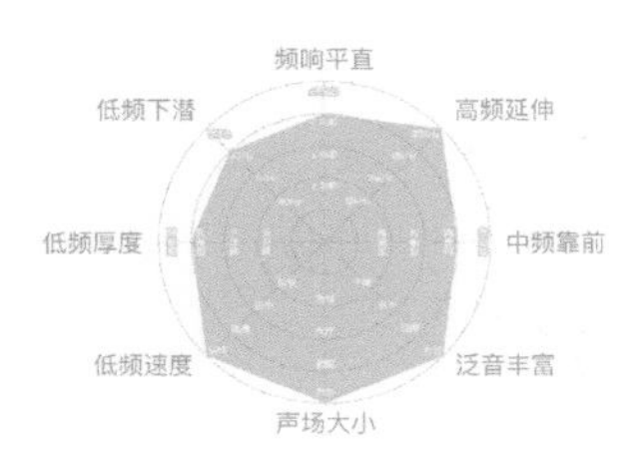

下图 120Hz 附近的小洞和 Barefoot 测试时的情况一样，是低音单元设计在两边造成的，毕竟测试是在音箱前方 1m 处进行的，只要你不在 1m 处听单只音箱，就不会有这个问题。

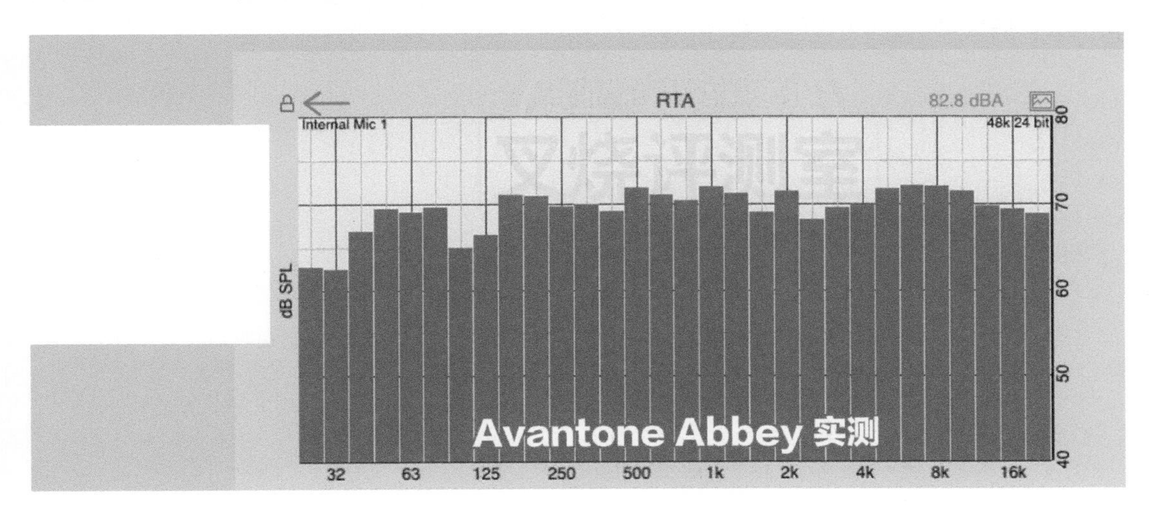

编者：本专题开头第一篇是 Hi-Fi 发烧友不太觉得脸盲的“芬兰之声”，甚至还是大家喜闻乐见的“分体功放”+“无源音箱”。不过提醒大家，那只是帮各位热热身，这可不是录音室监听音箱世界的主流形态。接下来我们不得不回归主流了。EVE 其实是老牌德国音响品牌 ADAM 分家的结果（说起 ADAM，不少发烧友应该就不觉得陌生了吧，毕竟人家也有 Hi-End 级产品），而飞飞在本文中提到的则是他们眼下的旗舰系列 SC301X 中的老二：SC3010。

最贵！飞飞为 Hi-Fier 们推荐的 4 款有源监听音箱中，这是最贵的一款。不过它的奇特属性也确实值得各位一看。

国产“7 系” EVE SC3010

文 / 飞飞

1887 年，英国颁布《商标法》，规定进口到英国的产品必须标注产地，这主要是针对“Made in Germany”的商品，不过德国人很争气，工业产值在 1913 年超越英国成为全球第二，后来甚至让“Made in Germany”一词变成了品牌。

关于中国制造的问题？

中国工业总产值在近十几年来先后超过德国、美国，这是量变，而提升“Made in China”品质仍需一个机遇：国民消费升级。市场造就了高端产品国产化。随着国内生活水平的提高，近年我们看到了国产路虎和捷豹、沃尔沃旗舰 S90、凯迪拉克旗舰 CT6 等，四五十万价位的汽车也陆续步入国产化时代。

讲回正题，入门级监听音箱已经 100% 在中国制造、万元近场监听音箱陆续国产化，包括 Focal Alpha 系列、Mackie HR 系列、PreSonus Sceptre、Gibson LP 系列、KRK 最新的 V 系列，个别中场监听音箱也开始在中国制造，包括 KRK 10-3 和 Avantone Mix Tower。

但代表监听最高水准（也最贵）的类型 “Main Monitor/ 主监听”，它们就像奥迪的 A8、宝马的 7 系、奔驰的 S 级等，之前的国产率一直都是 0%。

不过现在有厂商跳出来，发布了可能是行业内第一对 Made in China 的主监听。

EVE Audio SC3010/3012

即使高端产品国产化是必然的，但古人都说“欲速则不达”，当年 ADAM 也因扩张而导致资金链断裂，那“国产主监听”是 EVE Audio 的冒险，还是德国人觉得“国产 7 系”的时机已经成熟？

[外观篇——包装 | 设计 | 配件 | 细节 | 说明书 | 网站 | 产地——得分 4]

外包装

值得一提的是，音箱从德国发过来，但底部居然没有用胶带进行封装，外箱和内箱通过特殊锁扣紧扣在一起（不用切开顶部胶带，切开也没用）。

内 / 外纸箱都是解开锁扣往上掏出，全程不用切胶带，官方真的好好设计了开箱流程，之前评测的主监听音箱都没考虑过，通常要“倒”出来（双层包装要倒两次），累一身汗。

35.5kg 净重

由于体积太大，我们出动了库房的落地称，这是我们遇到的最重的 10 英寸箱，同样 10 英寸三分频的 KRK 10-3 是 20kg、PSI A25 是 27kg、双 10 英寸的 Barefoot MM27 是 31kg；而 SC3012 官方数据有 44kg，老东家的 Adam S4X-H（12 英寸）只有 35kg。

外观

体积接近两个 SC407，但深度达到了 440mm，比宽度还长一截。另外方方正正的设计，让人想起 Roland 老师当年设计的 Adam S4X-H，这就是所谓的“德国范儿”吧。

背面板

倒相孔后置的主监听我还是第一次见，官方说有专门的海绵塞以便入墙，不入墙的时候无需海绵塞，不过我们拿到的是样品，没有说明书和任何附件，散热板在 Class D 有源监听上是很少见的，这是因为 SC3010 功率达到了 1300W。

技能篇——做工 | 用料 | 工艺 | 技术 | 软硬件 | 功能 | 易用性——得分 4]

背面功能

与 SC400 系列一样，背面带有 XLR/RCA 输入（首次在主监听上见到非平衡输入），红色 DIP 小开关可切换输入灵敏度、锁定音量或 EQ，以防被外人轻易改动前面板的设置。

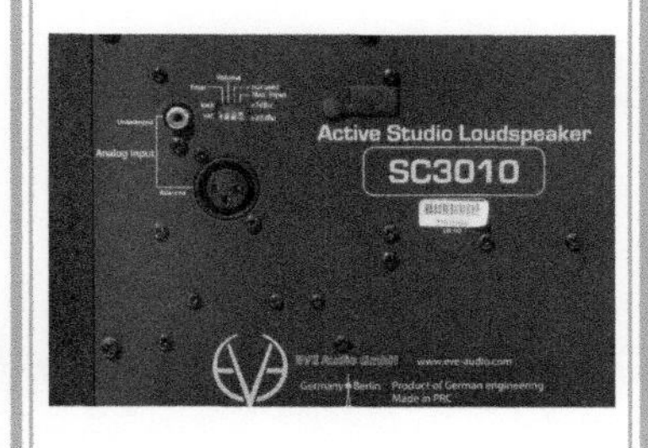

正面功能

正面也与 SC400 一样，可调节高 / 中 / 低三频，精度能到 0.5dB，调节音量时精度可达 0.1dB，这对主监听特别好用，毕竟入墙之后无法调节背面板。

AMT RS6 高音单元

EVE SC200、300、400 系列分别采用了 RS1、RS2、RS3 高音单元，不过外观看起来都一样，这次直接跳过 RS4/RS5 升级到 RS6，这种长条的气动高音单元在业内貌似是首次采用。

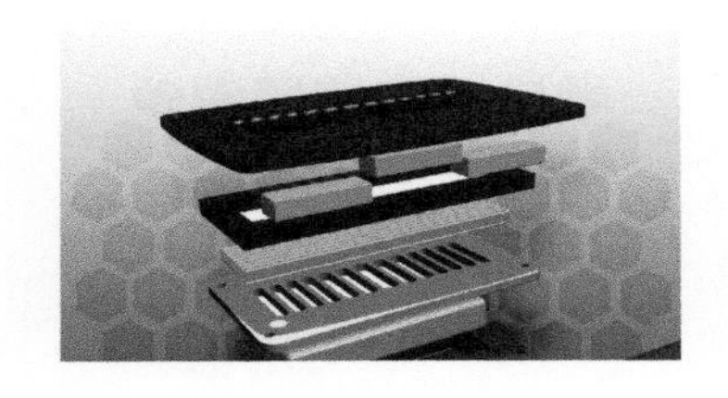

5英寸SilverCone

原以为是SC205/305和SC408的那款5英寸音箱，后来发现不是，之前SilverCone振膜看上去有“蜂窝结构”，这款并没有，按压时感觉更紧致、回弹力度更大。不知是否采用了下一代的SilverCone，或者“SC200 MKII”也会升级成这样。

10英寸SilverCone

5英寸SilverCone消失的蜂窝在这里，和其他10英寸监听音箱相比，有些录音师会反应过来：这是一款低音炮单元。除了巨型防尘帽和超硬振膜，关键是超肥的复位胶圈，之前还有Barefoot和Focal SM9直接采用了低音炮单元。

如果房间不是很大，想将SC3010作为中场监听音箱来用，可以将中/高音模块翻转90°，变成大部分横置的中场监听音箱那样，将边上的4个螺丝拧出一截即可拆卸（SC407/408也是如此）。

中/高音模块

采用独立分腔，布线有点复杂，接地线就有两根。

中/高音模块的全铝面板厚度达10mm。

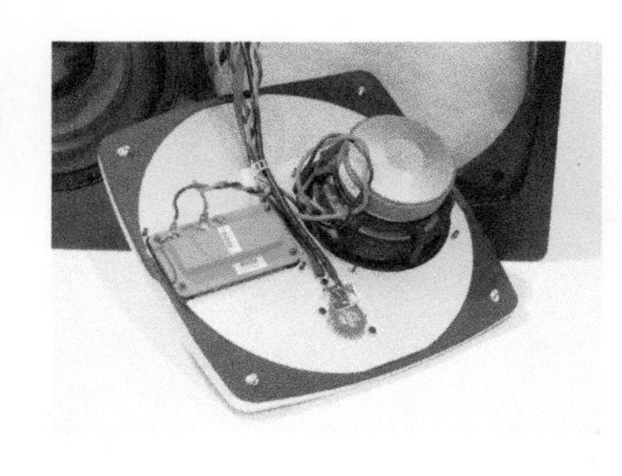

高音单元

很意外的是，高音单元是德国制造的，并且由EVE Audio自己生产，拥有单元生产能力的监听厂商不多，这是重资产。

中音单元型号为MD5-3010，看来是SC3010专用的中音单元，与其他系列的5英寸单元不通用。

遗憾我们没拆下低音单元（低音单元周边用胶水粘着一圈吸音棉，顺便把螺丝也粘上了），不过官方Facebook发布了德国工厂组装照片，虽然没拍到单元，但箱内的吸音棉居然是“金字塔棉”。

官方还发布了在德国生产高音单元的照片，我们所知EVE的“国产”部分包括箱体和功放板，然后运回德国装上单元和前级板进行测试，再发往全球。这种“半国产”和纯国产的入门监听不同。

电路板采用独立分腔，内部布线用了薄海绵包裹，比SC400又细致一点。

EVE之前只贡献前级模块，德国制造，稳压模块来自Vesco公司，但现在EVE连稳压模块都自己做（共有3块）。

功放板

功放板来自荷兰Hypex，两块250W的UcD250，两块Ucd400（合体成800W）。

对产地的一点思考

美国相关法律要求“Made in USA”有50%的成本来自美国，其实Barefoot单元来自丹麦产的Scanspeak，和SC3010同款的Hypex功放没标产地（这家荷兰公司的功放板通常会在中国制造，很多Hi-End厂商也用它家的功放模块），只有前级和箱体自己生产，官方用的“Hand Crafted in the USA”并没有法律限制，笔者倾向于认为——箱体在哪儿产，就可以用“Made in ××”标签。在欧美，树木和人工费一样都非常非常昂贵。

欧盟最新的产地法规其实只规定了45%，实际上大众汽车只有30%～40%在德国生产，另外只要在德国组装，就有办法标注“Made in Germany”，只是EVE没有打算钻任何空子。

最后对比一下SC400系列的参数，SC3010/3012的功率非常恐怖。

[音质篇——均衡度 | 下潜 | 延伸 | 人声 | 声场 | 瞬态 | 三频衔接——得分5]

我在很多场合讲过“监听音箱上4万元后性能就很接近了”之类的话，因为之前在评测Barefoot MM35和SC407时感觉两者实力相当，只能说各有胜负；后来评测PSI A25时感觉也差不多（似乎是PP盆拖后腿）。因此我认为没有哪对音箱能在所有方面都有优势。而SC3010的表现，令人十分费解的地方在于：它全方位地超越了SC407。

SC407已经足够出色，4英寸SilverCone的人声自然度和RS3高音单元的声场甚至能打败贵得多的MM35，也让SC400系列成为了Michael Wagener和严厉行等大师的御用监听音箱，但面对SC3010这两项并没有优势。

RS6的原厂高频会略多1～1.5dB，但衰减后依然比SC407清晰一大截，后者提升高频也做不到这种清晰度；RS6最牛的还不是高音本身——它让分频点从SC407的3000Hz降到了1800Hz，大大减轻了中音单元的负担。我原以为5英寸单元的速度和细节不可能超过4英寸单元，但这个特制的5英寸单元让SC3010的人声就真比SC407还自然一点。

声场如果光论“深度”，两者一样深，但SC400中频是“均衡靠后”，人声比乐器远一点，整体偏远，混音时辨别中频细节费点劲；SC3010是“均衡靠前”，远的很远，近的很近，有一种奇特的、前所未有的前后纵深。（MM35是整体靠前，听起来“清晰拥挤”。）

低频是碾压性的胜出，不光SC400系列，连EVE自家的TS

系列低音炮都被超越了，TS 系列采用常见的涂料纸盆单元，而 SC3010 采用新材料的 10 英寸 SilverCone，摸起来更硬，胶圈更粗，拿起来更轻，速度和抱团感都不亚于真力的“蜗牛炮”和 Barefoot 背靠式低音。

那么如果用 SC407+ 原厂 TS110 低音炮组成“准四分频”系统能否打败 SC3010？——目前看，依然不能。

频响平直
高频延伸
中频靠前
泛音丰富
低频速度
低频厚度
低频下潜

频谱实测也很惊人，之前 SC407 虽然频谱平直但小锯齿较多，而 SC3010 在 400Hz 以上的平顺程度能达到 Barefoot 和 PSI 的水准。超低频部分有些起伏，可能评测室的条件无法达到大尺寸音箱的测试要求，之前的 Barefoot 和 PSI 测试也是如此。

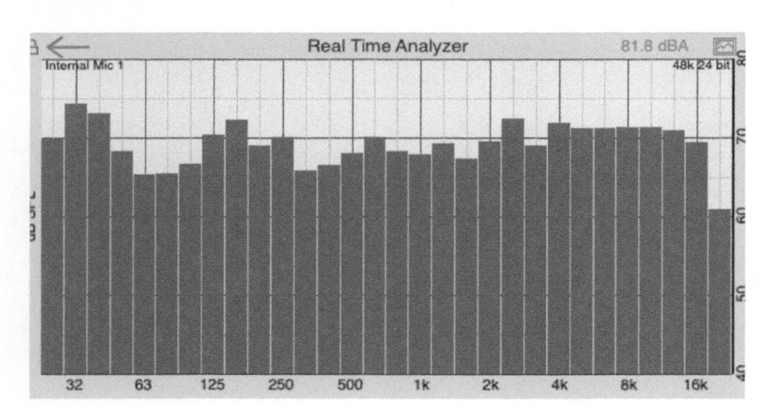

[选购篇——保修 | 国外价值 | 国内价格 | 行货水贷 | 购买渠道 | 优惠价格——得分 5]

录音棚的小型化让 10 英寸多分频的迷你主监听音箱逐渐火爆，$5000/ 只价位正成为厂商必争的红海，这里有 MM27($10500/ 对)、ME 933k(€ 4900/ 只)、PSI A25M(€ 4775/ 只)、Quested V3110($5500/ 只)、Neumann KH420($4899/ 只)、Genelec 8260A($4550/ 只)、ADAM S4X-V($4999/ 只，这是 12 英寸的)……每家都有撒手锏，Barefoot 有四分频和背靠式低音、ME 有三单元同轴、PSI 有平直曲线、真力有最低衍射箱体。各家的绝招在此都没有绝对优势，低音炮单元“光脚”也有，气动高音 ADAM 也有，平直频响 PSI 也有。SC3010 的重量也比不上 39kg 的 V3110，只有 800W 的低音功率是最大的，而且是 D 类（933K 只有 180W）。

EVE 的撒手锏还是成本

德国的人均收入比美国低 16%，我们简单按 11% 来预测成本变化，如果将生产线搬回德国（尤其是箱体），SC3010 至少要从 $4699/ 只上升到 $5215/ 只，虽然声音确实能与 MM27 平起平坐，但优势就没这么大了。

德产最多让 SC3010 内部做工更整洁一点，Made in Germany 标语让客户更喜欢一点，但声音不会有变化，外观还是那么死板。作为首个敢声称国产的主监听，SC3010 首次能在这个价位跟你谈“性价比”，不过音乐人会不会为“国产 7 系”买单，要等待市场的检验。

飞飞最大的遗憾只有一个：SC3010 的体积太大（家里地方太小），非常需要能搭配 RS4 的“SC3008”。

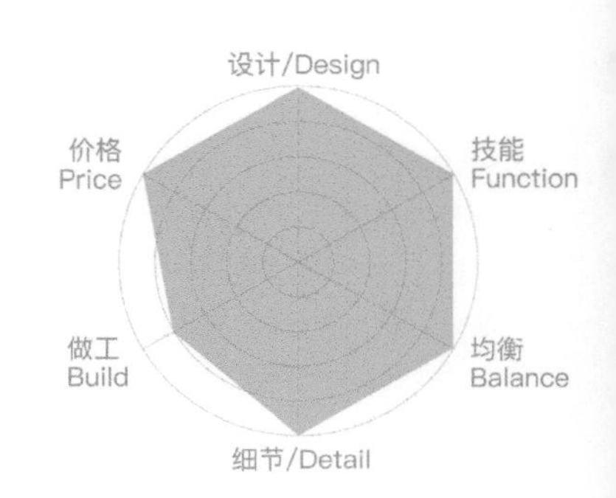

视听盛宴

从百万级调音台上拆下来的耳放模块

——模拟音频教父和他的RNHP耳放

文、图/新青年

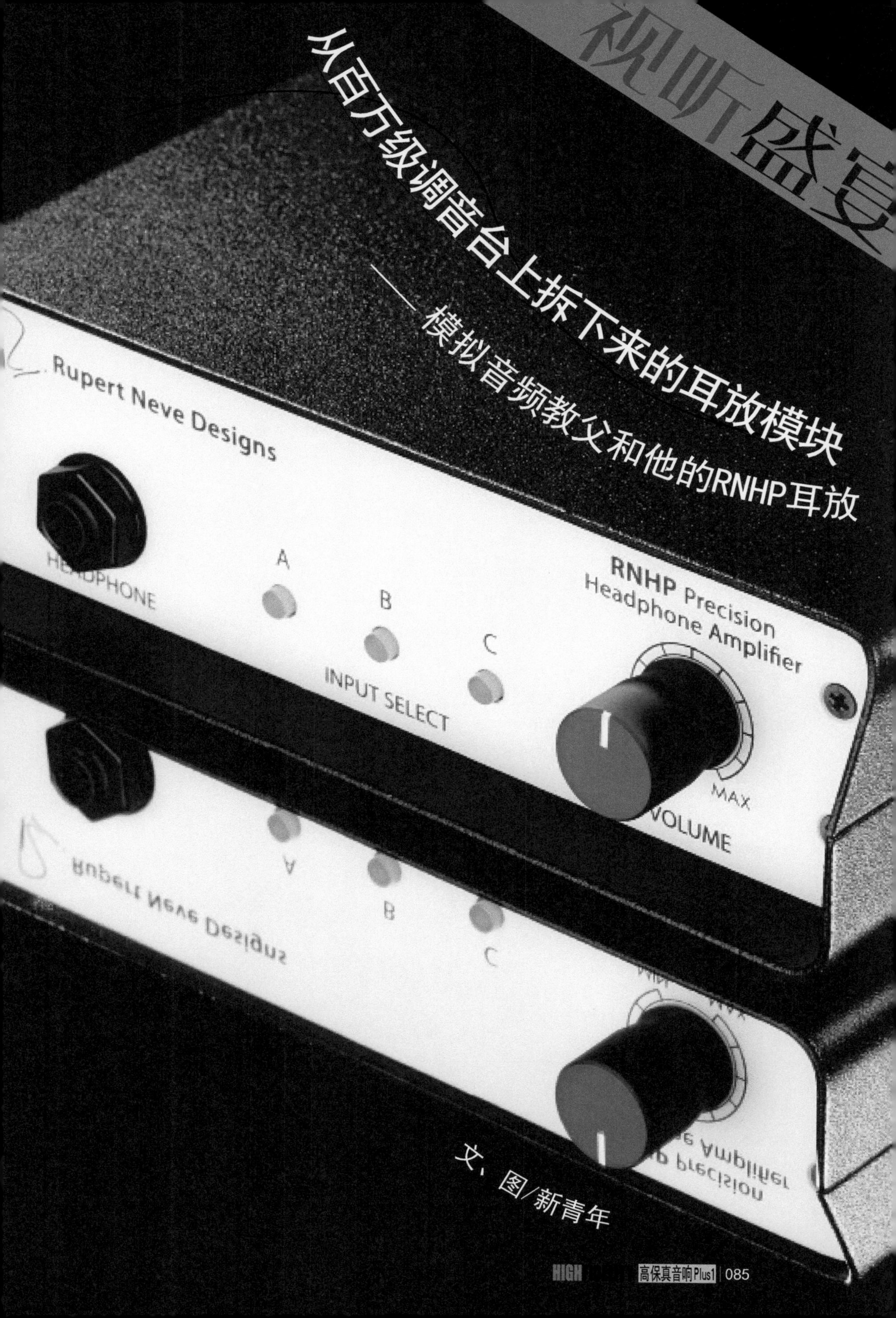

写标题的时候我是充满自豪的，因为我对耳放的要求就是如此，但苦于符合要求的耳放一定都很贵，碍于经济条件，一直也没有让我兴奋起来的产品，本来就是有点异想天开的事儿。

终归让我发现了它。

我另一个可以感到自豪的事情就是这个产品由我来把它推荐到Hi-Fi圈，并确定这是一件造福发烧友的事，更确定看完文章后喜欢耳放的同志们绝对不会失望，我还确定这是一款会在Hi-Fi耳放圈掀起一股潮流甚至风波的产品。

不卖关子了，这个产品原本属于专业音频领域，作为发烧圈的一股新风延伸过来，它就是尼夫的RNHP耳放。

如果你是专业音响圈里的人，听到这牌子难免感到如雷贯耳，就算你只是一个单纯的发烧友，尼夫这个牌子对于稍有烧资的老烧来说想必也并不陌生，尼夫，传说中的大红钮就是它了。

在这里有必要为不了解的朋友们普及一下关于尼夫本人和这个品牌的基本知识。

这个品牌的全称为Rupert Neve Designs，关于创始人鲁伯特·尼夫，在百度上轻而易举可以搜到如下获奖信息。

Rupert Neve（鲁伯特·尼夫）是英国一位著名的电子工程师和企业家，在设计专业录音设备上非常有名，尤其以他设计的话筒前置放大器（话放）、均衡器（EQ），以及调音台最为著名。

1989年，他入选著名的音频杂志《MIX》名人堂，被授予“终身成就奖”。

1997年，他成为“格莱美终身技术成就奖”的第3位获奖者。美国录音协会通过颁发这个奖，来表彰他对于整个音频行业的深远影响。

1999年，他在《Studio Sound》杂志评选的“世纪十大名人”中位列第一，他被授予“世纪风云人物”的称号。

2006年，他被AES授予“特殊贡献奖”，以表彰他对音频行业的巨大贡献及对几代音频设计师的引导。

世界上第一台调音台是Rupert Neve先生在1961年为专业作曲家Desmond Lesley先生量身定做的。莎士比亚的戏剧配音，运用了当时最先进的磁带录音方式进行，但没有办法将声音混合起来。于是，第一台可以混合声音的机器——调音台诞生了。Rupert Neve先生也因此获得了“调音台教父”的美誉。

他是音频圈教父、器材界的顶级大师，他设计的调音台产品在圈内有“帝王级调音台”的美誉。

前两年圈内掀起过一阵专业解码器风潮，代表产品就是Prism sound的lyra2和lynx的HILO解码器，还有个叫TC k8的小一体机也非常火，我也是这3台设备的资深用户，对其声音及性价比给予感同身受的肯定。我认为即使在后期的发酵中，这些产品对Hi-Fi文化的普及和Hi-Fi圈的长足进步都是有推动和促进作用的。时至今日，它们依然是很多发烧友的心头好，包括品牌系列中其他众多产品——8xr、aes16声卡、k24d、twin等。同时这些品牌的受众群体也得到了很大范围的扩展，开阔了发烧圈的器材发烧思路。专业器材发烧党正式形成气候。如今笔者身边很多发烧大咖，也都在专业器材党之列，其手里的顶级专业设备数不胜数，甚至很多朋友现在只玩专业设备了。

为啥？就是声音很好，还十分便宜。

我记得有次买话筒的时候，我说我的声卡是Prism sound的lyra2，商家竟然很吃惊，他说普森的产品他们只会在大型高端录音工程上使用，私人用户用它是很奢侈的事情，当时心里只是觉得其实这跟Hi-Fi器材的价格比实在是差太远了，太便宜了。

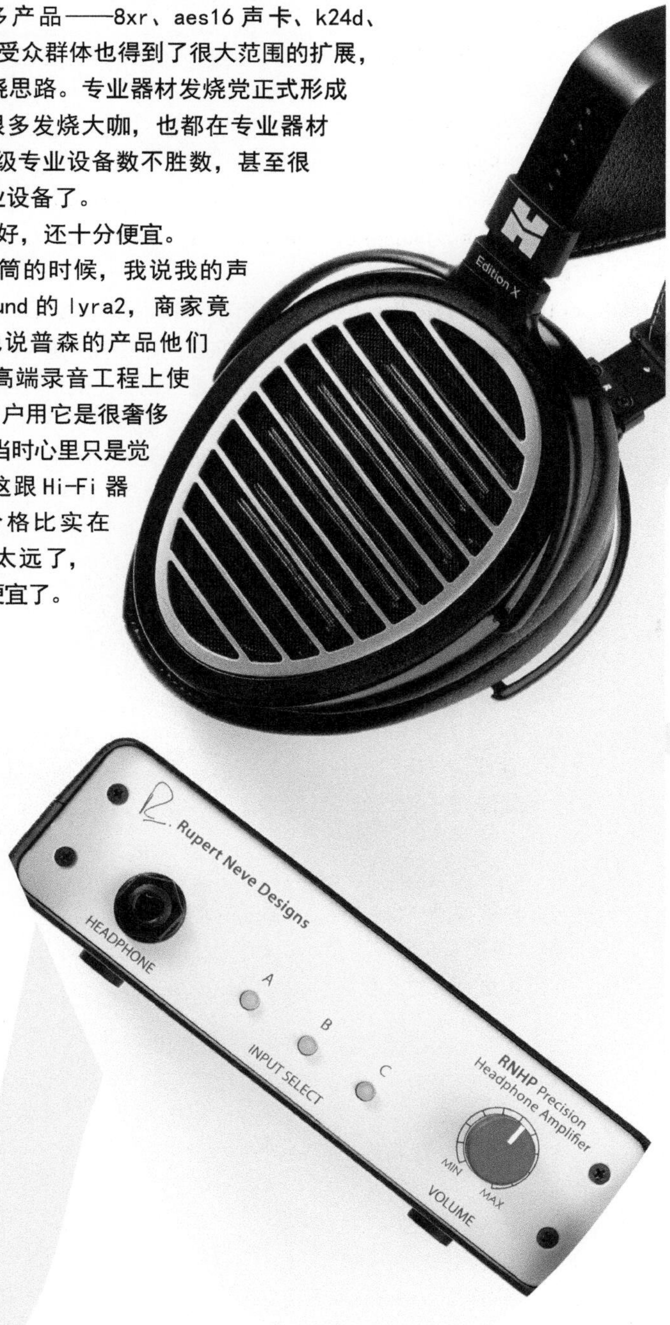

如果说专业解码跨到 Hi-Fi 领域还有些接口和操作不便捷问题存在的话，那耳放这种东西，就完全没有这个担忧了，因为没有那么多的可调节选项，和我们平时用的耳放在使用上没有任何区别。RNHP 就是这样，上图以明志。

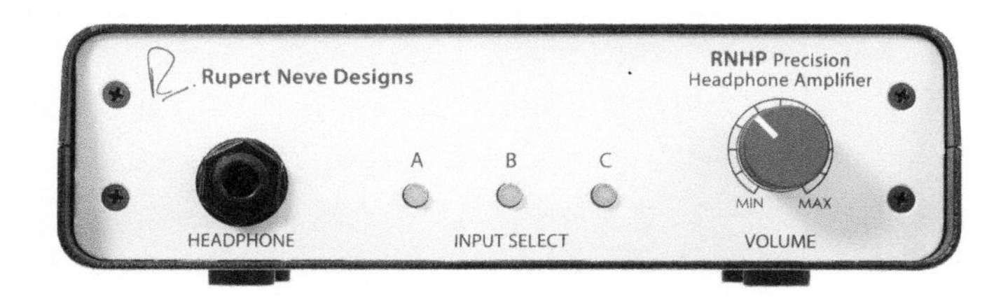

我首先要强调的是，RNHP 这个耳放，原本作为尼夫价值上百万的顶级调音台上的耳放模块而存在，现在完完整整地从调音台上拆下来，做好外壳，就有了 RNHP。毫不夸张的是，我看见这东西没过 5 分钟就毫不犹豫掏钱买了一台。

我为啥这么冲动，第一就是因为便宜，四五千的价格令我十分满意。

而且 RNHP 非常轻便小巧，小巧到并不比便携耳放大出多少，放在任何地方都不会占空间，我甚至完全可以在出去旅游、出差时把它随手装包里。我眼中的大耳放，如果外观非常有设计感，奢华高端有格调，声音又很好，我会喜欢；如果以上有一点不满足的话，我就会觉得是个碍眼的东西，看着不爽。

第二，RNHP 的外观非常漂亮，极简风格的外壳设计下带有一弯独特审美的小弧线，那个标志性的红色音量旋钮不断撩起我躁动不安的内心，红得恰到好处，不禁想起那句有点搞笑但真理的话：男人可以不帅，可以没钱，但一定要有型。亚克力质感白色的前面板上 3 个水晶般的半透明输入源选择按钮，会在通电后亮起明快绿色的灯光，那是撩拨人心的一抹鲜绿，和一旁的红色按钮搭配起来，不会有任何大红大绿的恶俗既视感，小清新暖春风格，即便春风十里，也比不上你一分一厘。独具个性的 logo 上印有尼夫老爷子的亲笔签名，具有浓烈的人文亲和气息，充满了音乐匠人的味道。

第三，RNHP 的功能接口非常齐全，支持 4 种输入接口，分别是 XLR 平衡输入、RCA 模拟输入、3.5mm 线性输入以及 6.35mm 的 TRS 接口输入，输出端为 6.35mm 单端耳机口输出。

第四，也是笔者很看重的一点，RNHP 支持外接独立线性电源供电，规格为 24V / 6W / 0.25A，玩发烧的朋友都知道供电系统的重要性，因为我尝试过各种外置线性电源，想必对独立供电这件事有足够深刻的理解。首先独立供电意味着音质可以通过外接线性电源得到轻而易举的提升；其次音色可以通过更换不同的线性电源实现调整，这就为一台耳放产品赋予了无限多的玩法和声音改变及提升的可能性。发烧友最爱的不就是折腾么？

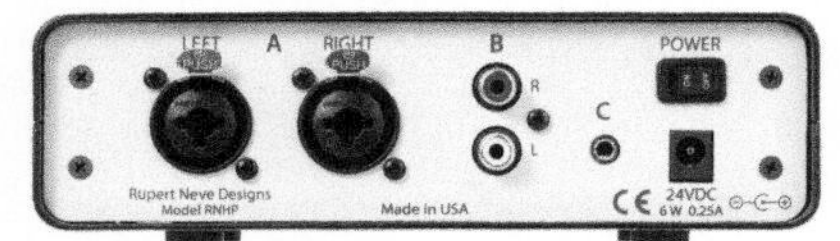

RNHP 的原配外接电源很小巧，加上 3.5mm 线性输入口的内置，再次印证了其外出携带的可能性。

对于RNHP的声音，笔者这次在最开始就对其声音做个总结，在使用原配电源的情况下，RNHP声音表现为：中性略甜、三频均衡、极致纯净、素质优异、控制力强，具有高贵不失典雅的气质。（后来在查询品牌相关资料的时候还发现了它家其他产品声音特色的介绍，摘抄如下：

“更吸引人的是当吉他接入音箱之后发出纯净的声音。掌控声音的核心即是K3拾音器。此款拾音器，不仅让分解和弦变得细腻柔美，更让扫弦的狂野奔放展现得淋漓尽致。这款经典的K3拾音器就是Rupert Neve先生的成功之作。在当时，也成为了乐器界争相模仿的对象。”）

对比自己的感受，我觉得介绍中的描述符合我本人的听感，还可以窥得，该品牌的产品应是在调音特色上具有鲜明的一致性的。

以声论价的话，保守来讲，它在万元内耳放横向比较中毫无惧色。

笔者这次使用的参考器材是汪视听工作室的英国和弦旗舰DAVE解码器搭配RNHP，计算机做音源，使用USB直出，参考耳机为MrSpeakers的平板振膜双雄Ether FLOW、Ether C FLOW、HD650以及HIFIMAN EDX V2版，线材为工作室自制。经过一段时间聆听后发现，RNHP的声音受煲机和热机时间影响不大，而且机器基本不会有发热的现象。从全新开机到连续热机两天后，声音并没有感受到太多变化，以至于我很难分辨出这些细微的差别。

RNHP下的EDX V2，第一次听给我的感觉是声音异常干净，这个干净不属于背景黑、很深邃的那种摸不着边际的黑洞感，而是声音高透明度带来的，像刚刚非常认真擦过的玻璃，让人眼前一亮，非常明快干净。只需用耳朵一听，非常容易发现RNHP的特质，当时工作室的同事戴上耳机后的第一感觉就是声音干净。

第二个接驳的是美国MrSpeakers平板振膜耳机，这个耳机的声音最大特点就是异常鲜活，RNHP下的Ether FLOW和Ether C FLOW，可以说完完全全保留了耳机鲜活的特征，同时RNHP均衡、细腻、干净、流畅的声低，也在耳机中体现了出来。

第三个接驳的是HD650，笔者一直觉得这个耳机属于稍厚声但整体足够均衡的耳机，久听可能略显乏味（有人说它高频不好或者偏低频不均衡，我认为这来源于森海塞尔的独特音色导致的错觉）。RNHP下的HD650，首先没有感受到吃不饱的情况；其次，650的整体声音风格不再是那么稳重或说沉闷的感觉，添加了一层鲜活，多了一些明快，少了一些平淡无奇的乏味感。最难能可贵是，RNHP下的650的信息量更多，声音更饱满了，而不像以前那样，声音的丰满感靠调音的厚度来填充。所以我认为650驱动到如此地步很令人满意。

综上而言才有了刚才对声音的总结。RNHP 的重点在于声底异常干净，其素质保守来说万元水平没问题，高频细节丰富且分离度高，中频有着泉水般清甜外无任何过多修饰，低频控制力和表现力到位。三频均衡没有通过依靠突出哪个频段的手段来实现音色的讨巧。

这里有一点要特别提出，RNHP 耳放对于前端非常敏感，也可以说对前端的要求高，通俗叫“吃前端”。这是通过更换不同解码器发现的，RNHP 会明显地体现出前端独有的音色，而且在动态、结像、声场、高低频两端延伸这类参数上更加依赖于前端音源的实力。这有个好处，前端越厉害，RNHP 就越有无限提升的可能。不过这也是把双刃剑，在前端不给力的情况下，相信它也会容易暴露前端的缺陷，这个特质在专业器材上是个比较普遍的现象，尤其笔者以前把玩各种专业线材的时候，深深体会过专业器材的此种特质。

RNHP 别看不贵，在和弦顶级旗舰 DAVE 解码的加持下，丝毫没有杀鸡用牛刀的感觉，匹配起来游刃有余、得心应手，有非常棒的声音表现。

说到 RNHP 的驱动力的话，手头这几个参考耳机没有遇到喂不饱的情况，都可以得到好听且耐听的声音，每天我都听几个小时，不会觉得累。但我也相信一定会有吃不饱的耳机怪兽是 RNHP 搞不动的。

RNHP 满足了我对耳放的所有幻想，可以评为我私人的耳放退烧神器。抱着退烧的同时，因为网上 RNHP 资料不多，我就写些给大家看。个人意见，仅供参考。

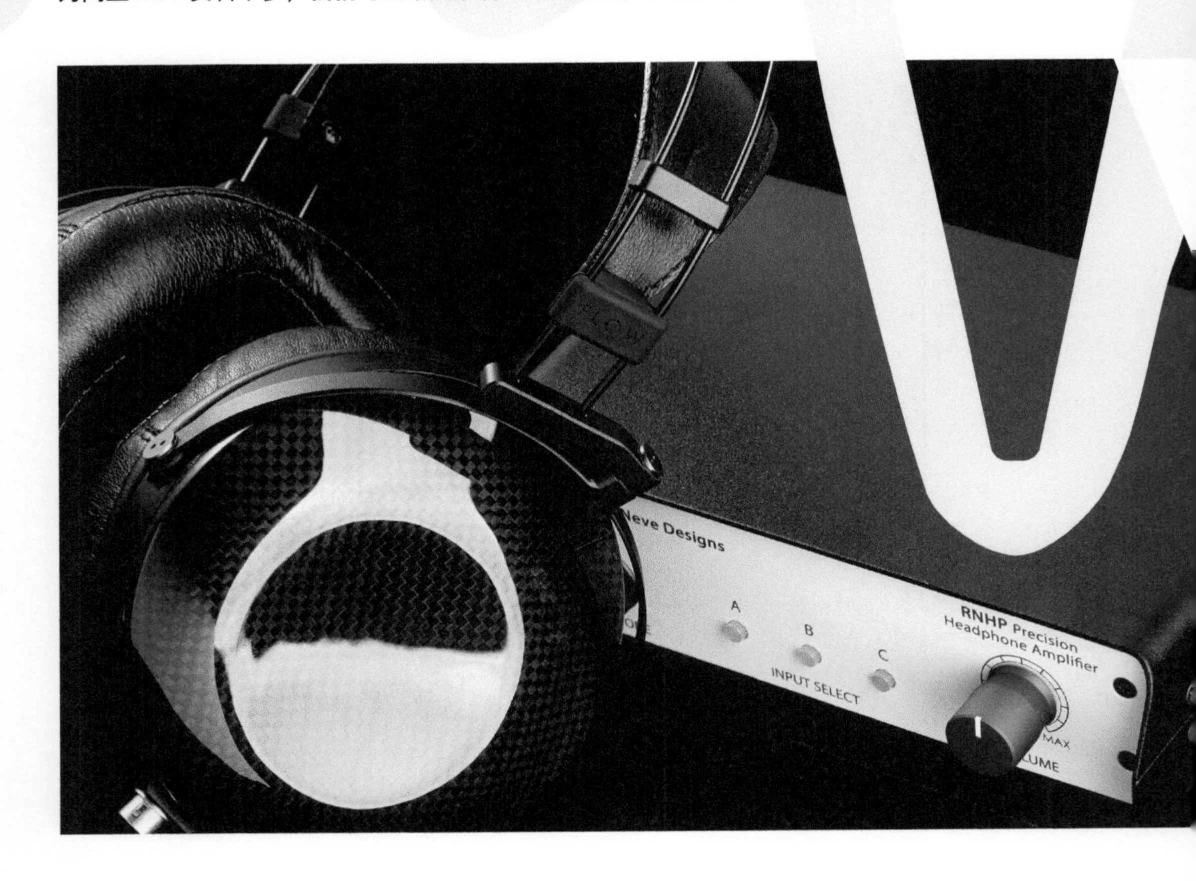

星空下振翅翱翔的新生代

——CHARIO（卓丽）CIELO 音箱拾音记

文 / 爱乐

笔者对意大利音箱一向很有好感，从世霸到卓丽，风格虽然不同，但都有着精湛的做工、奢华的外观，声音甜美，素质很高。CHARIO 卓丽的音箱代表顶级的学院系列，代表着意大利音箱的顶级工艺，承载多种专利技术，只为追求更高水准的声音。今天的主角是最新上市的 AVIATOR 飞翔系列，我们聆听的这对音箱是 AVIATOR 飞翔系列最大型号的落地款，名为 CIELO。

卓丽在笔者初烧的时候是鼎鼎大名的，现在这个品牌略显低调了些，但是低调不能打消我曾经对它的向往。一直没有仔仔细细地去好好听一下卓丽的系列音箱，今天有机会能跟 CIELO 近距离接触一下实在是荣幸。卓丽自 1975 年以承载着卓丽的多年研究成果而诞生的学院系列，它的背后有若干概念性的理论基础，但目的只有一个：让听者以为身在现场。高保真系列属于卓丽亲民一些的系列，承载了学院系列的一系列顶级技术。来到听音室，一眼望去都是天朗的超大型落地款音箱，前面摆着略显小只的 CIELO，在众多巨无霸面前瑟瑟发抖的样子，但是一开声，却充满了活力，完全没有看上去那样弱不禁风。这么说好像有点夸张了，实在是因为背后几个大块头的天朗有点吓人。声音跟我意料之中一样地好，我们用了两套系统来驱动它，一套比较入门的马兰士，另一套高级的金嗓子功放 CD 组合，声音表现如何容我先卖个关子，后面再说。

IELO 的碎碎念

CIELO 是飞翔系列中的第四款，落地箱中最大的一款。它有独特的梯形箱体设计，有着很扎实的做工，没有任何的棱角，看上去十分舒服。CIELO 的左右侧板是由胡桃木拼接而成的，木纹漂亮，色泽优雅，附类肤质磨砂处理，采用 HDF 高密度板材，重量不轻，手感很好，就是有点容易脏：我给它拍照的时候手不是很干净，摸一下就出现一个手印。CIELO 是四单元三分频音箱，一个比较特殊的处理叫作下倒相设计，倒相孔开在下面，另外有一只低音单元放置在倒相孔旁边，同时下倒相和冲下的低音单元充分利用底部的反射，对低频的量感起到正向的作用。另一只低音单元被安排到箱体背部，充分利用后面的扩散，这样的设计可以得到更自然且更有氛围感的低频，但对箱体后面的空间和扩散条件有一定的要求。

CIELO 的高音单元很大，这是卓丽的独家本领，移植于 NEW ACADEMY（学院）系列的技术，称为 T38 WAVE GUIDE（T38 声波导向技术），这是一只看上去尺寸很巨大的 38mm 高音单元，单元表面涂覆特殊阻尼材质，外沿弧形十分均匀，有点像号角但是又不太一样，这样的形状有利于高音的扩散。T38 技术让高音动态表现更好，从听感上来说，这对音箱的高音表现是十分令人惊艳的。CIELO 的其他 3 个单元都是 6.5 英寸的 Rohacell 多磁环式铷铁硼低音单元，表面涂覆特殊阻尼层，一只安排在高音单元上方工作，其他两只像刚才介绍那样一只在背部，一只在底部。

声音之我见

下面我们说说声音吧。我们先用马兰士的入门组合驱动它，CIELO出来的声音带有浓浓的马兰士味道，这样的味道会令一些马兰士迷们很是喜欢，高音有一些刻意宽松的行为，用一种马兰士的手段增加了独特的韵味，CIELO本身的高音表现就非常好，很抓人耳朵。声音素质和声底很好，这款音箱很容易就可以有很好的脱箱感，声场纵深很强大，中频表现也很可人，用马兰士这套可以得到不错的音乐享受，尤其是听一听人声，表现十分出色。CIELO的灵敏度为92dB，不算难推，但建议功率还是尽可能达到180W/4Ω以上。另外题外插一句，这次试听的听音室的声学处理非常之好，好的声学处理是好声音最扎实的基础，有好的声学环境会让你的系统提升不止一个档次，这绝对不是危言耸听。有条件可以好好调调，即使可能家中没有合适的条件专门做声学装修，也可以简单做一些扩散、吸音的处理，效果是立竿见影的。我们换上金嗓子E-470合并功放加DP-430 CD机，这是金嗓子的畅销主力机型，换上后水准立刻上升一个档次，密度也更大了，声场纵深更加强大，中频相当不错，这样的中频表现竟然让人觉得有铁三角高端木碗的女声的味道。低频由于前端强大的驱动能力也好了很多，这款音箱是有着很不错的下潜的，弹性非常好，营造的氛围感十分真实，同时，它的动态也相当不错，作为如此体积此价位的音箱来说，可以拿到很高的评分。弦乐的表现比用马兰士那套更好，充分发挥了CIELO的高频表现力，两种推法，亲民一些的也可以令人满意了，无论怎么推，都无法掩饰这款音箱的高雅气质。

小结

CIELO这款音箱很全面，结像、密度、高频的延展性，低频的弹性，整个的声底很健康，以及很犀利的解析，都有着高级音箱的风范。CIELO有着很好的声场纵深，层次感很好。它的声音风格不是那种厚实水润的，而是圆润高雅的，解析凌厉而听感一点也不生硬，很有韵味。中频很有感染力，弦乐及人声都是它的强项。我们换了两套亲民级以及奢侈级的系统来驱动，声音风格变化挺大，声底还是差不多一致的，说明这款音箱素质到位，对前端器材还是很敏感的，有很高的可玩性，喜欢折腾的烧友有得玩了。就聊到这里吧。HI

纯真之至寄于情

文 / 高亢

——丹拿 40 周年纪念版书架箱 Esotar Forty 试听笔记

我从学生时代开始接触音响，那时候丹拿是我辈仰望的存在，不仅仅是我个人，那时候很多国产品牌都模仿丹拿产品的造型。**一直以来，我对丹拿的印象都是严肃、冷静、准确。以丹拿在圈子里的知名度，很多厂家只要推出类似的产品都要跟它操戈一番，树大招风。听的东西越来越多，对丹拿的崇拜也慢慢褪去了，时间长了，竟然有一种逆反心理：这样尽人皆知的大品牌，太世俗，我偏偏喜欢研究一些冷门生僻的玩具——也许很多人也这样想。但是机缘巧合之下，偏偏让我来试听这款40周年Special Forty，仔细地把玩学习了一个下午，我竟然重新拾起了对丹拿的崇拜之情，也是命中注定吧！**

来到听音室，搬出架子，搬出40周年 Special Forty，接上 Musical Fidelity 音乐传真 Nu-Vista CD 和合并机套装，然后开声试听。这对Special Forty是高光红桦木纹，气质十足，颠覆我对丹拿一向冷峻的印象，箱体采用的多层烤漆工艺精湛，箱子为两路两分体。丹拿的单元都是厂商自己设计制造的，同时也曾经是很多高级的扬声器生产商的优质供应商，借助此优势，自家的产品就可以根据不同需要、不同设计理念来调整单元，方便整体调整，不受局限——这是只靠外供单元来设计扬声器的品牌无法做到的。

这次丹拿为了打造40周年Special Forty，重新设计了全新的高音单元，称为Esotar Forty 28mm织物球顶膜。其对低音单元进行了重新设计，保留曾经丹拿经典的大音圈设计，采用全新的混合磁路结构。标称频响达到了41Hz～23kHz，而在实际听感上，它也有着极宽的频宽。笔者对技术不是很有研究，所以简单介绍到这里，主要还是分享听感吧。

Esotar Forty Dynaudio

音响圈子里，
有一个丰碑一般的品牌，
曾几何时，诸多大牌以采用它生产
的单元为荣——这就是Dynaudio（丹拿）。

我先用我比较喜欢的HAYA来试试。黛青塔娜的嗓音飘逸空灵，我特意选了一首《雪山》，回放好这首歌既需要表现低频，又需要有很好的高频纵深，空灵的人声、黏稠的马头琴，深沉的鼓点都大大丰富了这首作品的可玩性。Special Forty在这些方面表现良好，推翻了我对丹拿的“偏见”，我一直以为，丹拿就是无染的、冷峻的、准确的、没有感情的——但是它并不是。不只如此，它的脱箱感极好，营造出巨大的纵深，整首歌的气势完全被烘托出来，整体密度也很大，尤其是两端延伸十分厉害，简直不像个书架箱。Special Forty还是很丹拿的，无论看上去还是听上去，那种独特的气质是无法掩盖的，准确无染，却留下了不易被发觉的一丝情感，随着音乐的气氛铺陈推开，一点点地浓郁起来。我只能说好听。另外，这箱子挺吃功率的，至少同样的声压下，前面听的一对大落地音箱也没有它音量旋钮拧得多。看来要给它搭配一款动力充沛的发动机才行，传真这套显然应付自如了。

不过，我还是听古典音乐更多一些，早知道老板的架子上摆着的德国名铸的巨型LP转盘下面还配着闪闪发光的柏林之声的唱放，我就带几张我私藏的头版黑胶来试听了。我先听一下钢琴，我带来这张朱晓玫的哥德堡变奏曲，录音比较有厅堂感，就像在一间很大的房间里，弹琴人在一边静静地演奏，到处泛着昏沉的光，气氛幽幽地醉人，很有带入感。几个变奏转罢，很显然，Special Forty完全可以把我带进音乐中，我从音乐里走出来，从器材的角度去品味它：拥有这样惊人的素质才会有如此临场感，拥有这样顺滑的高频表现以及强烈的形体感和给力的宽容度才会让人忘记箱子的存在，让人陶醉于音乐中。钢琴的声音珠圆玉润，Special Forty的密度是很不错的，这都不是重点。重点是准确，它的声音总是出现在该出现的位置，什么乐器就应该是什么音色，染色极低，真正地追求至真至纯。然后我试试它低频分析力到底有没有传说得那么好，所以用上了贝多芬第五交响曲的第三乐章——这一段需要你的器材有很好的动态表现，以及强大的低频分析力——Special Forty当然应对自如，虽然不及大型箱子的动态那般巨大，但是也差不到哪去，何况不是个大就行的，也得看和什么水准的相比。Special Forty的低频细节非常丰富，临危不乱，动态也很惊人，在小的听音室里完全不像是一对小书架所表现出来的能量，而且我开的声音可不小。

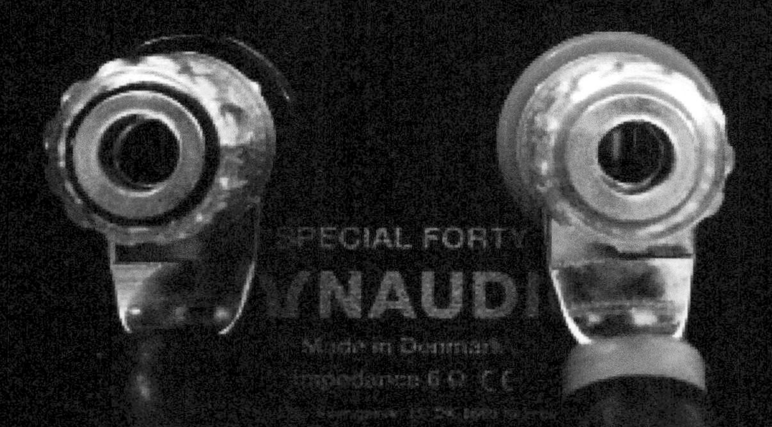

听了一圈下来，Special Forty 给我最大的触动点：太干净。我一直认为，干净是一切素质的前提。听上几个小时，你会越来越理解这款扬声器设计者们的良苦用心。丹拿设计扬声器的水平毋庸置疑，当今这个时代，适应广大用户的今天，出来作为旗手引导用户的厂家不多了，而丹拿做了这么多年标杆，这款箱子依然可以作为未来一段时间内广大用户以及其他友商参考的榜样。

Special Forty 作为丹拿 40 年的设计精神和理念而生的一款相当优秀的书架箱，相信一定会迅速

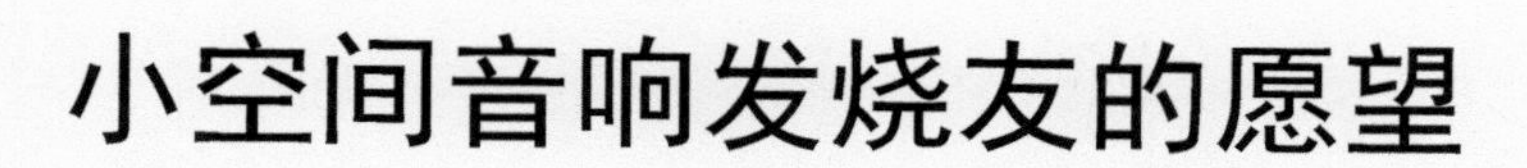

小空间音响发烧友的愿望

——聆听

Divine Acoustics Proxima

落地音箱

文 / DynaxG

想给小房间找个“大”点的箱子，该怎么办呢？

Proxima G3

考虑到眼下一二线城市居高的房价，工薪族发烧友们若能获得一个15m²左右的独立空间用作Hi-Fi听音室已属不易（毕竟更大的客厅往往是家人的公共娱乐空间，笔者着实见到过30m²的客厅无法利用，只能窝在自己10m²的书房摆弄自己爱箱的朋友），不少朋友已经甘于跟各种经典的小尺寸二分频书架箱玩到底了，这些小型书架箱音色固然好，但一来受限于箱体容积和单元尺寸，低频表现难有突破不说，最常听的中频段人声弦乐也往往难有宽松自然的听感。不仅如此，合适脚架的选购也往往让人头痛不已，认识的一位“雨后初晴”M20玩家从国产千元脚架起步，最后升级至顶级进口脚架，回头看时发现脚架花销远超当初买箱子的价钱了。而二分频的小型落地音箱呢？其实你往往会发现放不下中型落地箱的地方，放小型落地箱同样紧张——因为它们的问题并不是体型过宽，而往往是箱体过深，由于必须留出音箱线进线的空间，兼由不少小型落地箱是后导向设计，在小空间摆放时，若要保持合适听音距离，后方空间就尤其紧张了。那么如果一定要在15m²甚至更小的空间里听到更大尺寸落地音箱的宽松听感，又当如何呢？我们今天介绍的这款音箱也许能在某种程度上帮那些还在使用5英寸左右书架箱的朋友达成类似的愿望。

来自芬兰、捷克、罗马尼亚、匈牙利、克罗地亚甚至俄罗斯等地的物美价廉的音源、功放、音箱甚至线材、避震附件不少成为追求性价比的资深玩家眼中的宠儿……这次我们则迎来了肖邦故乡波兰的产品：Divine Acoustic 的现役旗舰落地音箱 Proxima G3！

东欧新兴 Hi-Fi 品牌的地利、人和

乘着东欧音箱品牌整体崛起的大势——诸如名声在外的 Estelon（爱沙尼亚）、Audiosolution（立陶宛），更不用说 ME 领衔的一众前东德音箱品牌，细数下波兰这几年在全球范围内混出名堂的 Hi-Fi 品牌其实也不少：比如专攻正切唱臂黑胶唱机的 Pre Audio、专攻电子管 DAC 和功放的 Lampizator，以及专注电源处理的 Gigawatt 等，其实前两年在专业和 Hi-Fi 领域都一度火热的 Mytek 品牌创始人 Michal Jurewicz 就是波兰人，产品也在波兰制造，只不过商标注册在美国……而今天我们介绍的这款音箱同样出自一个波兰品牌：Divine Acoustics，有趣的是其创始人 Piotr Galkowski 并不是一个电子或电气工程师，也非声学专家，几乎是个自学成才的音响设计师（不过从他为波兰的高保真音响媒体撰写的文章《Why anti-vibration accessories have effect on sound?》来看，他对结构和外观设计比较在行），同时也是个狂热的音乐迷。据其本人称，他最初投入全部精力于音箱的设计制造的起因是那场著名的 1996 年 Micheal Jackson 华沙音乐会——从音乐会现场带着满心喜悦回到家中的 Piotr Galkowski 用他家中那并不便宜的 Hi-Fi 音响系统重放了音乐会上的作品，结果却让他极度失望——体验糟糕，和现场表现大相径庭（读者是不是觉得有趣，似乎很多音响设计大师的起点都类似，因为对既有音响器材对现场还原表现的极度不满，而毅然走上了自力更生造音响的道路？不过正如一千个人心中有一千个哈姆雷特，这样的故事肯定还会继续……）。

值得注意的是，Divine Acoustics 的工厂是建在波兰西南奥波莱省（Województwo opolskie）的奥济梅克镇（Ozimek，Piotr 称其工厂紧挨 Turawa 湖畔的针叶林），这地方听起来很陌生，不如克拉科夫、波兹南、华沙之类的名气大，但它在波兰国内是最富裕的两三个省份之一，主要因其毗邻东欧工业强国捷克，又有大量德裔人口（占全省 30% 以上），和德国在技术人才交流上极为频繁，因此高端制造业比较发达。如此看来，能在这里诞生一个拥有国际口碑的 Hi-Fi 音响品牌也就不奇怪了。

Divine 的绝招之一——更精确地掌控箱体的振动

CRC Design（Cabinet Resonance Control Design）称为音箱共振控制设计，音箱使用多层板制作，透过不同阻尼特性的材料来控制音箱共振，每个音箱至少使用 6 种不同的结构与涂装材料，用来协调整个音箱的刚性和韧性（就是 Piotr 此前在波兰当地媒体上提到的，他的真皮覆盖部件也是箱体声学设计的组成部分，包括覆盖真皮的前障板上那些不对称的曲线的弧度都是有玄机的），通过这些复杂的设计来最大程度减少不必要的共振。CRC Design 的终极目的是达到单元与箱体最大程度的整合——并不是现代重型金属箱体设计师们那种完全消除箱振的态度，而只是抑制那些有害的振动，那些有益于实际听感的振动会被尽可能保留——这样的开发过程虽然费时费力，但对于声音的精准性、细腻度与主观听感的耐听性无疑是更为负责的态度。

Piotr 的音箱有着有趣的宽深比例——相比同类音箱面板窄而箱体深度更大的设计，Proxima 反其道行之，它深度很浅但宽度远大于 6.5 英寸音箱通常的尺寸，远看还以为是一个障板音箱。Piotr 说它的宽深和长宽比例都考虑了黄金分割的算法，具体尺寸比例的取值也要经过对箱体声学特征的考量。当然额外的好处是，特殊的箱体比例和封闭箱体设计，使得它能轻松地靠墙摆放，在小房间里给前方留出更合适的聆听距离。同时，精致美观的外观细节处理，使得 Proxima 像一件精美的家具，可以更轻松地融入主人的温馨家居。

Divine Acoustics 品牌的国内代理商是美丰音响，代理商将其译成“蒂梵尼”，而将音箱的型号名 Proxima（意译应为“比邻星”）翻译成了“宝施玛”。本文中，我们看到的其实是 Proxima Generation 3（以下简称 Proxima G3），也就是该型号的第 3 次改型。在 Piotr Galkowski 本人的自传中曾经提到其在 2007 年为一位当地录音师量身打造了一对近场监听音箱，那就是第一代 Proxima G1，它从 2007 年起生产了 3 年，至 2010 年改良为 Proxima G2，而 Proxima G3 是在 2014 年投入市场的。

Divine的绝招之二——暗藏玄机的扬声器技术

历代的Proxima音箱在外观、箱体和分频器等细节处多有改变，但扬声器一直有3大招牌技术不变：其一是精确配对的6.5英寸低音扬声器采用了硬度有所改良的PP振膜、反边橡胶折环，以及坚固且抑振效果优于铝的镁金属铸造盆架；其二是Divine自行设计的28mm高音单元，采用了Woven编织的半透明涂胶丝膜；其三是其所有单元的安装都使用了独家的振动抑制/隔离装置，包括为低音单元准备的BAD系统和为高音单元准备的TMI系统。下文我们就来详细解释一下这两个系统。

1.BAD：全称Basket Accurate Dampening，此前被解释为“精准阻尼框架”，单元振膜运动时会引起框架共振，振动又传导至磁路系统，在磁隙内产生失真，结果音圈和振膜的动作就有可能不正确，因此BAD应运而生，针对框架施以适当阻尼，精确处理其振动，以减少磁路受到的影响。相应地，可能导致的失真也得到了抑制，音箱将获得更为准确、无音染的中低频表现。

2.TMI：全称Tweeter Multilayer Isolation，此前解释为“高音单元多重隔离”，其实就是通过一组不同厚度、硬度以及阻尼的垫圈组成一个装置安装在障板上，而高音单元通过这个装置才能与障板连接，这样箱体的振动基本上不会干扰高音音圈的动作，反之亦然。这项技术据称能大幅改善高音单元的工作环境，特别是微小细节的还原，将因此得到巨大改善。

Divine 的绝招之三——分频器和机内线也暗藏玄机

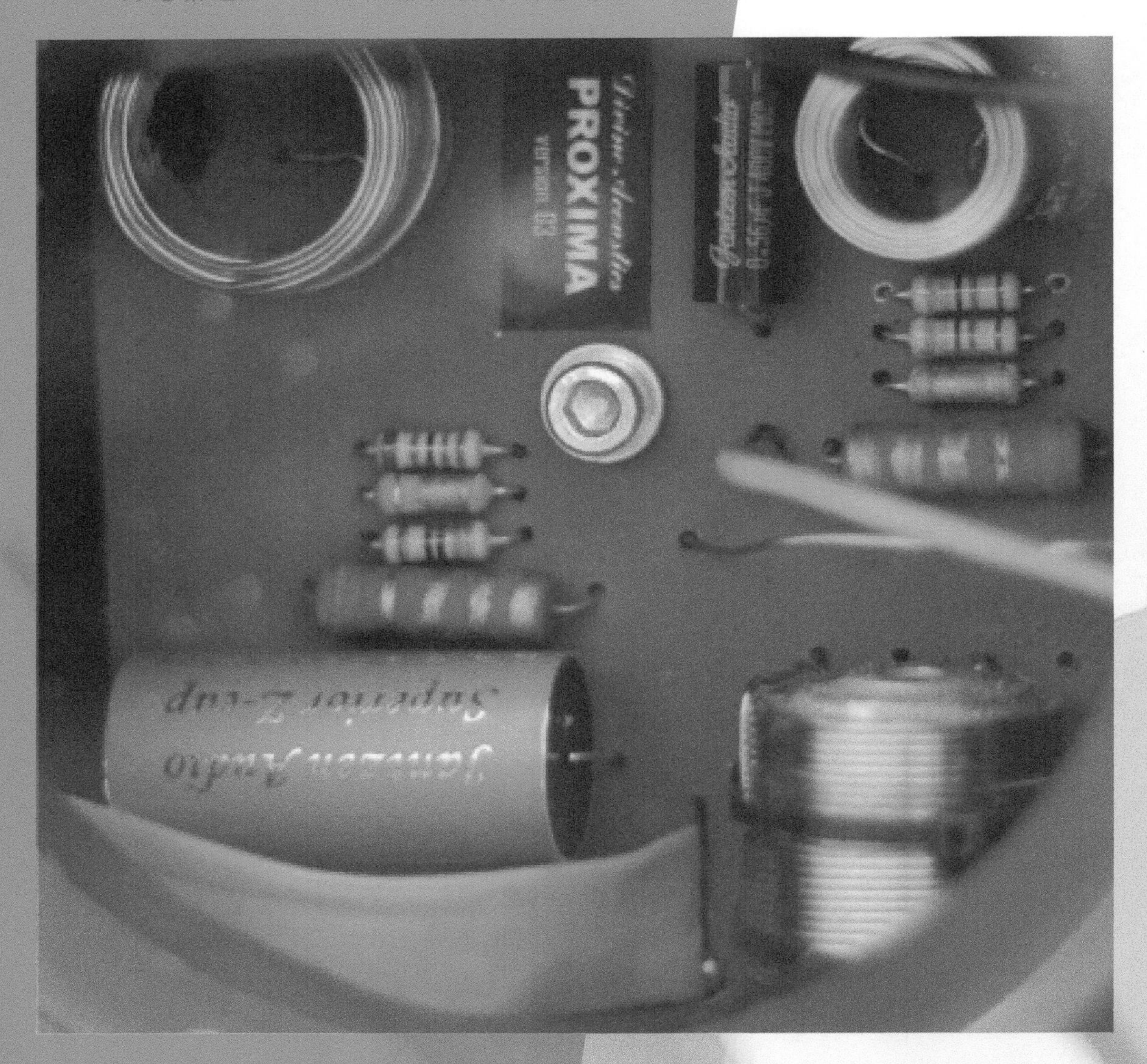

SGP（Single Ground Point）称为单点接地分音线路，将分音器所有组件的地都汇聚在同一点，以单点接地防止组件之间不必要的电位差，可提升音质、透明度、微动态与自然感——这个不算稀奇，因为很多电器的电路设计都要注意这个问题。

另一个 Piotr 引以为豪的分频器特色是 RF-path（Resistors Free path）——分频器到高音扬声器不需要电阻去衰减功率，以协调两个单元间的阻抗匹配，从扩大机到音箱高音单元的路径上，只有二阶分音所需的正确数值电容，没有电阻，因此不会耗损信号的动态，更有利于中高频细节的还原——这样的设计对于今天的高阶分频 Hi-Fi 音箱来说确实少见，特别是外购名厂单元的音箱品牌由于高低音单元的灵敏度和阻抗曲线往往差距较大，通常都用电阻放在高音的分频网络中进行各项参数的匹配。

Divine 的盘外招——核心零件不怕你看

器材规格

基本配置：2 路 2 单元密闭式落地音箱
使用单元：Woven 编织 28mm 丝膜软球顶高音 ×1，
170mm 聚丙烯振膜、反边橡胶折环中低音 ×1
频率响应：40Hz ～ 22kHz / -3dB
平均阻抗：8Ω
灵敏度：89dB
建议驱动功率：2 ～ 90W
建议使用面积：12 ～ 25m²
尺寸：1，230mm×250mm×165 mm（*H*×*W*×*D*）
重量：16 kg

PROXIMA
VERSION: 03

SE

Divine Acoustics
PROXIMA
GENERATION 3

IMPEDANCE: 8 ohms
SENSITIVITY: 89 dB
OPER. POWER: 2-90W

CE

FINISH:
SNAKEWOOD
SERIAL NO:
7SN04 62LSE

Designed and hand-built in Poland

主观听感

试听地点在北京熔合音乐（官方代理指定的在京经销商）主事人郑先生的家中，熔合音乐的主要经营黑胶唱片，经营音响器材完全是店主的兴趣使然。郑先生本人还是一位资深的摇滚乐手，组建有自己的乐队——可能正因如此，一到店内，郑先生先邀我聆听了几段国外摇滚乐作品的黑胶唱片。怎奈笔者平时对于磅礴的摇滚世界所知仅限齐柏林、NIVARNA之类大众喜闻乐见者。郑先生作为资深摇滚乐手所选曲目则艰深很多，不过由于当代摇滚录音中低频信息颇多，仍可听出Proxima音箱低频瞬态响应颇为了得，低频下潜对于6.5英寸PP盆单元也属上佳之列——能提供相比同尺寸二分频音箱明显更多的低频信息量，即使是电子乐中各种强劲的底鼓和电贝斯演奏也能量适中、收放自如，既不会觉得过于单薄，也不会压住军鼓、人声等中频频段大量信息的表达，这可能得益于封闭式箱体的低失真和较高的箱体高度带来的相比同类小型落地/书架箱更大的箱体容积，另外Piotr坚持通过计算对振动抑制和分配，让箱体合理参与发声的设计，应该也于此时产生了效果。

换上一张华纳全新出品，黄小琥专辑《简单/不简单》的收藏版LP唱片，PUB女王特色的烟嗓也是惟妙惟肖地再现，不过也有朋友觉得她的PUB风格录音对于Hi-Fi器材来说久听有过于刺激之感，但适逢Proxima在保证音色还原相对客观的前提下，人声音色的美感也并不缺失。此处确如评论界所言，厚和柔都算是恰到好处，既不过分甜腻，在驱动充足的前提下也绝无生硬之感。

笔者随后换上一张常听的CBS于20世纪60年代为鲁道夫·塞尔金（Rudolf Serkin）录制的舒伯特钢琴五重奏《鳟鱼》，这也是一般认为录音最为出彩的两版《鳟鱼》之一。这次终于轮到Proxima独有的Divine自制丝膜高音发威了——这张唱片在同时代模拟录音中，本身就是以现场感极佳著称，由Proxima放出更是有一种不逊于天价音箱系统的生动鲜活色彩，无论是钢琴还是小提琴高音区的回放均带一丝自然的光泽，而且整个中高频段的质感连贯顺滑，丝毫没有突兀的不协调处（Piotr对自家分频器在高音区的技术自信，由此看来并非空穴来风）。这种理想的中高频还原表现，带来的另一个福利，就是Proxima对录音中乐器结像、形体和整个声场的刻画能力，在笔者印象中类似配置的音箱里同样罕见。虽说Piotr认为它的音箱在流行乐中最能发挥实力。不过就笔者此次聆听的体验，在播放录音优良的古典器乐作品时，似乎Proxima才“表演”得更为淋漓尽致。

在驱动方面，如果仅仅聆听一些动态不大的小编制作品，则此次方案2的关氏K6 Ultimate合并机已属良配。不过如果用户希望涵盖更丰富的音乐题材，则功率储备较大、失真更低的AB1类甚至A类晶体管前后级或较大功率的合并机应是上选，本次试听方案1中的ATOLL 珊瑚礁 IN200合并功放在音色表现和驱动力方面平衡较好，售价也非常克制，对于更注重控制系统整体成本的工薪族烧友来说，也不失为一个初尝Proxima实力的理想方案。HIFI

试听器材搭配

位置	器材型号	器材类型
音源	宝碟 RPM10 Carbon 唱盘 宝碟 EVO 10英寸碳纤维唱臂	皮带驱动氏硬盘避震结构黑胶唱机，唱臂为唱头盖一体式直臂
	高度风 Cadenza Red 唱头	低输出动磁（MC）唱头
	宝碟 Phono Box DS2 唱放	晶体管唱放，带USB转录功能
功放	（方案1）ATOLL 珊瑚礁 IN200	晶体管合并放大器
	（方案2）关氏 K6 Ultimate	电子管合并放大器
线材	Tara labs Spectrum 系列	信号线和音箱线

+优点：波兰纯手工打造，同价位同类型内比较，占地面积小、摆放灵活，箱体、单元及分频设计理念独特，制作精良。音色及素质均较出色，适合推荐给追求性价比的进阶烧友。

-不足：虽然标称灵敏度达89dB，但由于是封闭箱体设计，对功放驱动力有一定要求。

参考功放：Mark Levinson No 26前级，No 30.5后级（店主收藏品，已停产）。

“DITA的旗舰Dream耳塞，满足了我对耳塞的所有幻想。”

论耳塞品质的终极

DITA Dream

文/新青年

发烧友之所以称之为发烧友，是因为它是追求极致的代名词。

我总觉得追求是没有止境的，科技的进步、观念的转变、新生事物的不断出现，或许在此时此刻，某个领域或某些产品又实现了突破，站在了最前沿。所以我也经常在想，我们追求所谓极致，或许都有那么一个大前提，就是活在当下。

我是一个追求极致音质的发烧友，随着发烧年岁的增长，对音频器材的要求越来越苛刻。曾几何时，我只会对产品的音质有极致的追求，并不关心其他。现在碰到好音质的产品，却经常因为嫌弃这嫌弃那，放弃将它收入囊中。

这个功能不全，那个外观太丑，即使都差不多了，也可能会觉得它差点气场或和自己不够搭调。嗯，就是爱挑刺。

回归正题，今天不是来讲故事的，只是想把一款我现在觉得好的耳塞分享给大家而已。

DITA的旗舰Dream耳塞满足了我对耳塞的所有幻想。

从包装到配件，Dream常规且齐全、简约又精致，细节上更是让

人一见倾情。白色的盒子毫不浮夸，上下分层有序得当。配件完备并且将精细化和人性化做到极致，金属身份卡、定制接插件、艺术风专属皮套，美观且实用，细节上的讲究和到位让我十分叹服。

Dream标配顶级荷兰产“范登豪”纯银线材，这个线是范登豪为DITA专属定制的，专利可换插头设计，应对不同插口直接换头（本身包含3.5mm非平衡和2.5mm平衡头），再也不用为了一个耳塞备许多不同插头的线材。即便已如此极致，Dream为了满足发烧友可以得到更多的音色体验，是支持更换线材的。

DITA是新加坡品牌，但会在包装上看到“日本制造”的字样。究其原因，Dream的外壳是由钛合金打造的，加工难度极高，不妥协的DITA为了实现其产品理想，寻遍可以实现“Dream”的工厂，

最终选定日本加工水平最高的工厂来完成制作。但即使是世界上最精密的加工技术，也没能满足Dream对细节的苛求，工厂加工后的外壳还需要日本高级工匠对产品Logo进行全人力手工打磨。

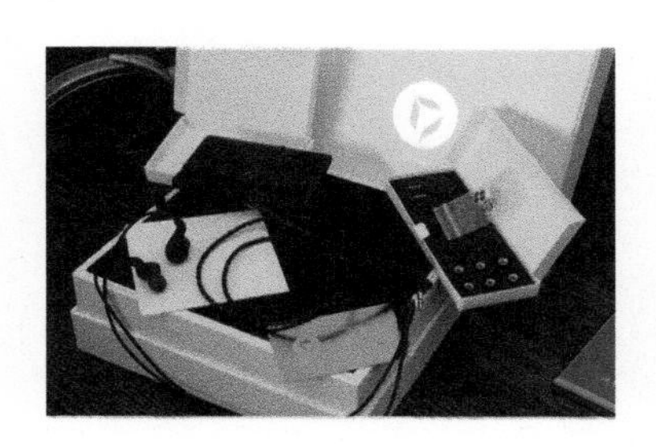

Dream是公认的单动圈之王，相比动铁耳塞而言，动圈的宽松度具有物理结构上的优势，宽松度又是欣赏音乐的必备条件。Dream最终选择使用动圈单元并把其做到最优，保有宽松度的同时最大化还原声音原原本本的音色，运用先进的技术把振膜材料做得更加细致和精确。因此Dream的单动圈单元在细腻度、解析力、结像和动态上，和其他同类产品相比，有着一耳朵就能感觉到的出类拔萃。

有人觉得Dream外观不好看，也许吧，但我个人是很喜欢这种设计风格的。其实我曾经对外观的要求也是要与众不同、高端炫酷的，因为我很希望得到别人的认同，炫耀自己，让自己备受瞩目。也不知什么时候开始，我就毫不在乎别人怎么看我了，也并不渴求他人的认同，我只喜欢做我自己。Dream低调且深沉的精致感，握在手里沉甸甸的安全感，暗色但偶有反光的金属简奢感，确实把我的心牢牢抓住了。

有人觉得Dream声音不符合自己的听音审美。对此我想说，首先Dream基本是不对声音染色的，声音风格倾向于彻底还原音乐本身，当然，也还原音源本身。我喜欢Dream声音的自然还原，喜欢它超凡脱俗的动态表现（这个业内人士应该都知道，动态是和产品价格最直接挂钩的指标），喜欢它广阔的声场，喜欢它纤毫毕现又细腻无比的细节表现，喜欢它精准且形体得当的声音结像，喜欢它无与伦比的声音两端延展性，喜欢它看似平淡无奇的色彩中对各种音乐类型的包容以及久听不累的内在涵养，也非常尊敬它可以把平凡和真实做到让人一听就难以释怀。

当然，器材接触多了，我对很多器材对声音的染色是持肯定态度的，对染色染得好的器材也会非常倾心。虽然美的类型不同，但只要是美的，都是值得我们去追逐的。

最后，Dream佩戴非常舒适，我真的是不知道还有哪里可以算是瑕疵让我挑剔了。前两天一个朋友提到Dream，说群里有个朋友用刀划，都伤不到Dream腔体的一丝一毫，我忽然觉得“一劳永逸”这个词不光能形容手表。或许很多人看到11980元的价格会说，买这么贵的耳塞简直是脑袋进水了。我想说，可能只有买了才会体会到它的价值远不止这个数吧，我认为就Dream的各项品质而言，着实是卖便宜了。

确实是个厉害的产品，分享给大家。

DITA Dream

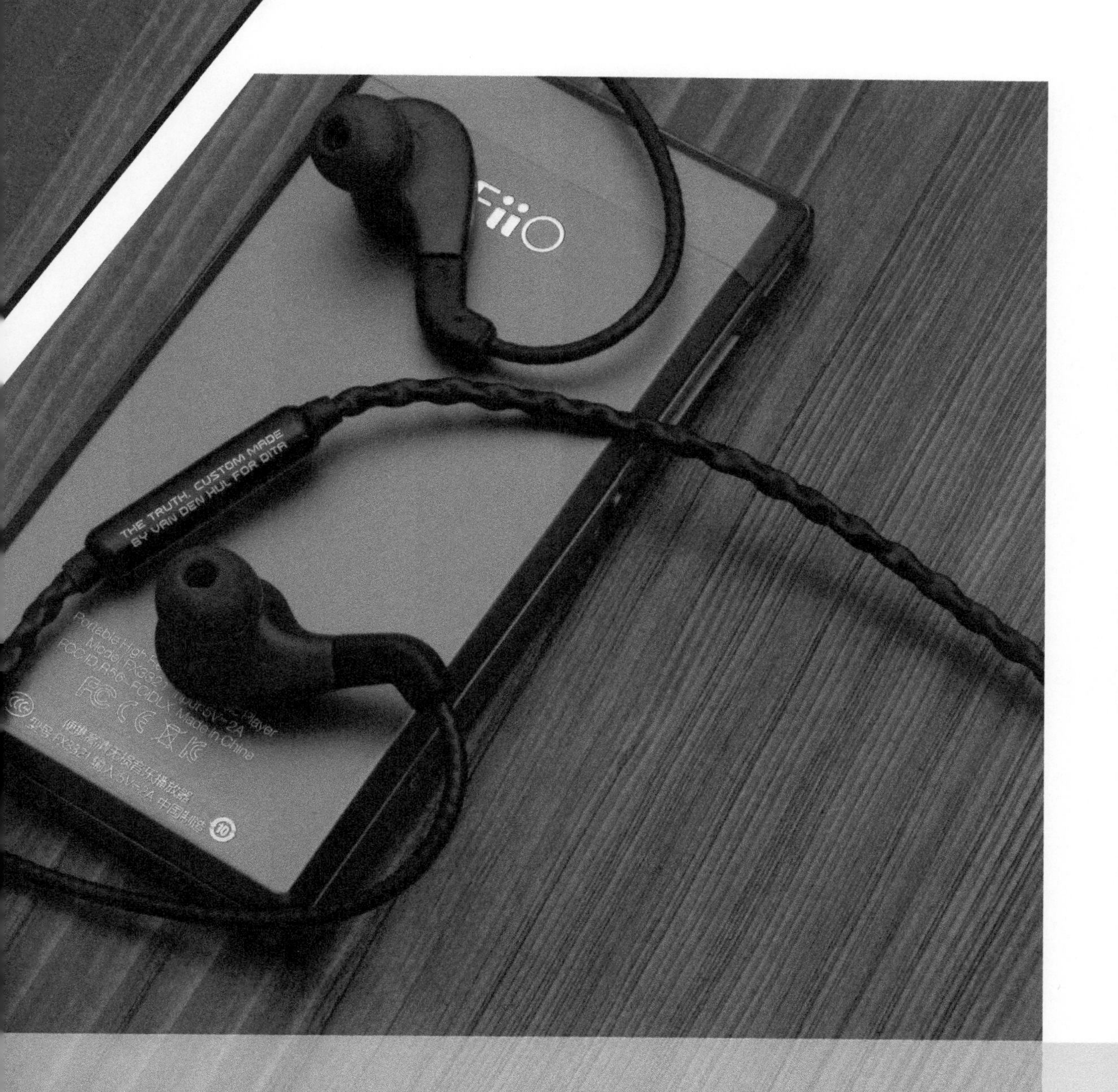

DITA Dream

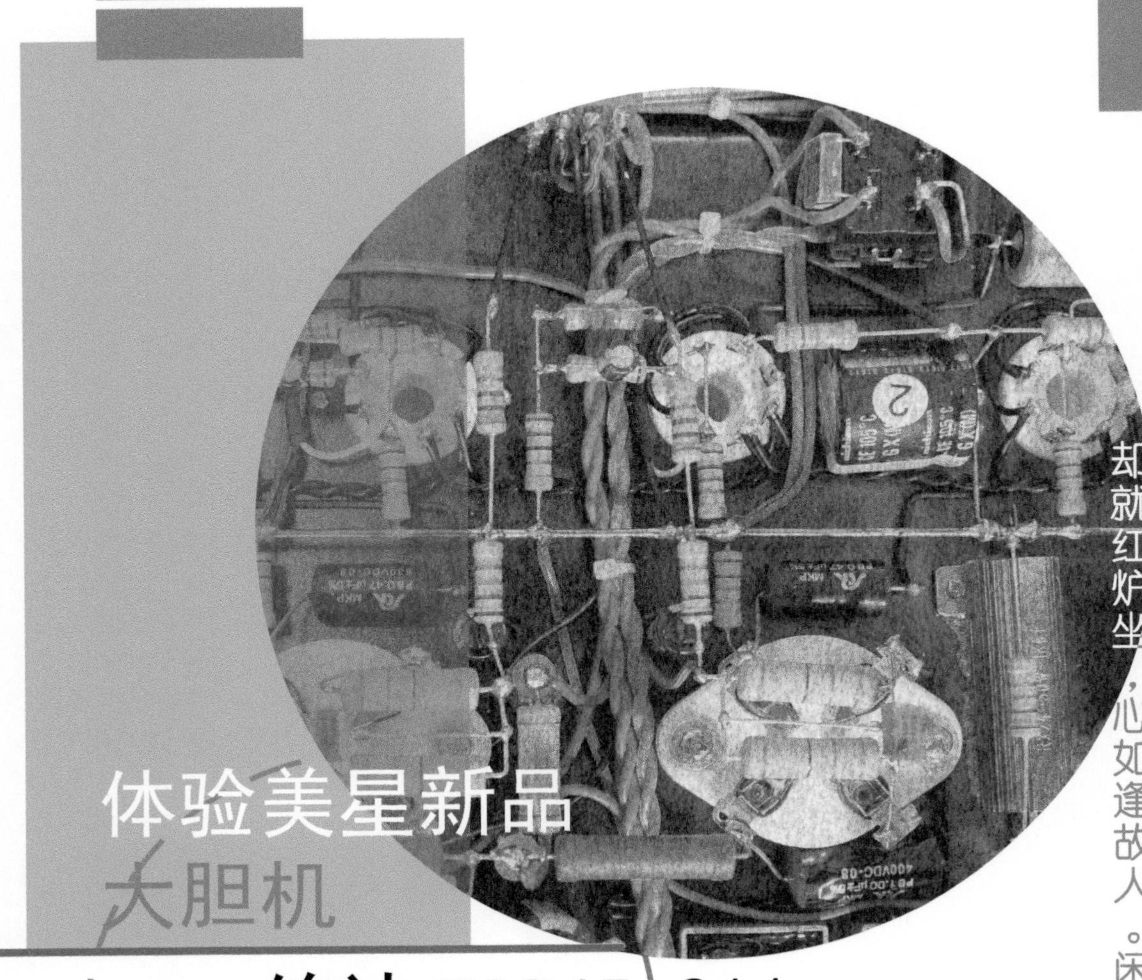

体验美星新品大胆机
——铭达 MC845-211

文/宁宁　伟志

近来在玩一对 JBL 4312MK Ⅱ，搭配了两台功放，有石机、有推挽胆机，但总是找不到想要的声音。梦想有一台大功率的单端胆机，寻找周围的烧友，想能借到一台，却始终未能如愿。就在一筹莫展之际，朋友和我说美星出产了一款大单端功放，300B推 845，这正是我所期待的。经朋友联系可以试听，但有个条件，试听后要把试听结果分享给广大烧友。好机当然不能独享，我欣然答应了。

经过苦苦的等待，快递终于到了。打开硕大的包装箱，一个人休想把它抱出来，果然具有王者风范，叫来年轻力壮的烧友，两人合力才把这个大家伙抬了出来。玩机心切，马上接电，打开低压开关，然后倒上一杯茶，等待机器热身。我们端着茶看着几只名胆渐渐点亮，心里一直期待的机器到底会发出什么声音呢？是 300B 的梦幻缭绕？还是 845 的威武霸气？还是兼而有之的饱满圆润、韧性十足呢？有可能润滑纤巧、沁人心脾吗？

怀着期待的心情，按下高压开关，先听了一段熟悉的蔡琴的歌，有些奇怪，离我期待的声音有一段距离。声音肥而慢，高音不清爽，低音臃肿拖沓，蔡琴变大妈了。关小音量不听了，煲吧，慢慢煲，毕竟是刚拆包的新机。

煲了几天，继续听蔡琴的歌，终于有改善了，声音顺畅了一些，但还是没有达到预期，怎么办？调整搭配试一试。音箱线和信号线使用的都是侧重中频的，把它们换成清爽点的线材，结果是有得有失，未达到满意效果。换胆一定会有很大的变化，可是目前我还是想保留原厂的配置，我相信厂家的调音水平。

然后我想到了电源线。刚开箱的时候，身边烧友拿出了原厂标配的电源线，我看到就是一根不起眼的很普通的像是电脑随机线。一般电脑的电源线标准长度是两米，而这根很线才一米半。当时我认为这应该是一根偷工减料的产品，就扔回了包装箱内，随手插上了一根粗壮很多电源线。翻出原厂的那根电源线，插上一试，真是没想到，声音一下子精神起来。低频干净利索，中频声线瞬间准确了，蔡琴变成大姐了。

接下来各种曲子轮换着听，听了两天，还是感觉有一点缺憾，不太感人，缺少一点乐感。根据我的经验，在做一点小调整吧。拿出了一把保险管，有时候更换保险管，声音的改变甚至比更换电源线更明显。一个一个地换，终于满意了，使用的是一个价格低廉、国外品牌国内代工的保险管，声音整体平衡，顺滑，连贯。终于找到我期待的声音了。

目前的系统搭配是，飞利浦 CDM2 机芯的转盘，同轴连接 PCM1710 芯片的解码器，推 JBL 4312MK II 音箱。这个搭配播放各种音乐，听起来都是感情充沛、音乐味十足，有一种欲罢不能的感觉。有一次和一个烧友一起听王菲的专辑《天空》，听到《影子》这首歌时天色已晚，烧友被电话催促回家，但踏出房门又折返回来，笑语：“让我听完这首再回家”。是不是有些让人难以置信？但的确是事实。

01 华丽而不落俗套

印象中美星电子生产胆机历史比较悠久且种类丰富。印象最深的是美星的胆尊 1 号和胆尊 2 号，超级大胆、威武雄壮，看起来就有一种豪情万丈、横扫千军、排山倒海、所向披靡的感觉。我现在聆听的这款新产品铭达 MC845-C211，在其他厂家的产品里应该算是大型胆机，可在美星里应是中型胆机。这个大型机器在一般家用机中显得高大威猛，但在我的系统中却并不显得突兀，因为机器很有设计感，黑色机身，搭配金色面板，看起来清晰自然。面板的金色看起来华贵而不俗气，雄浑而不臃肿。

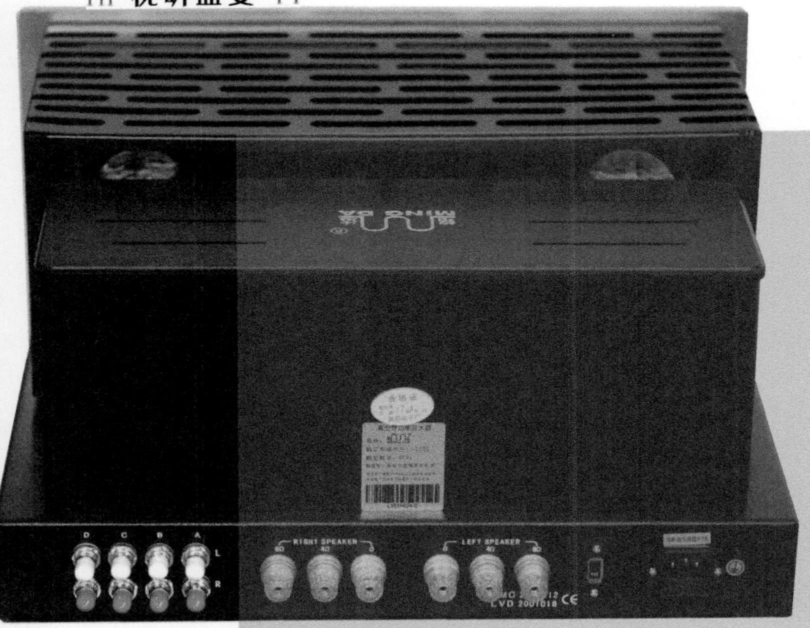

美星铭达MC845-211

机器的整体布局很讲究，高低错落富有层次感，一体机的变压器罩和胆管的网罩搭配得协调有序。前面板采用对称设计，布局协和，既沉稳又活泼，富有喜感。两个超大 UV 表就像两个大眼睛，炯炯有神。面板下边左右分布的两个铝合金实心旋钮，有压低重心的感觉，看起来更加沉稳。两个高低压开关的设计更是独具匠心，一银一红分别代表低压和高压，相当有辨识度，让人避免高低压开关顺序的操作失误。机箱的左侧还设计了背光开关，打开背光灯，暖暖的色调顿时蓬荜生辉。

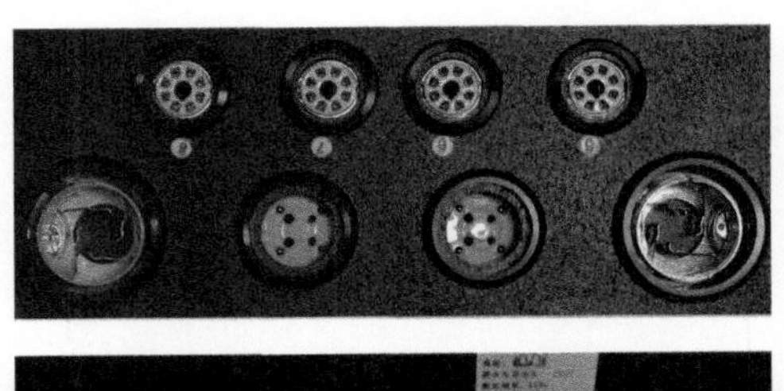

这部机器设计得既传统又具有现代感。音量遥控功能在传统胆机的设计里算是别出心裁，每次关机音量会自动归位到最小，避免再次开机时突然巨响。自开模具的铝合金遥控器精致小巧，手感舒适，增加了机器的操控便利性。

机箱的左侧设计-背光开关

02 现代又遵循传统

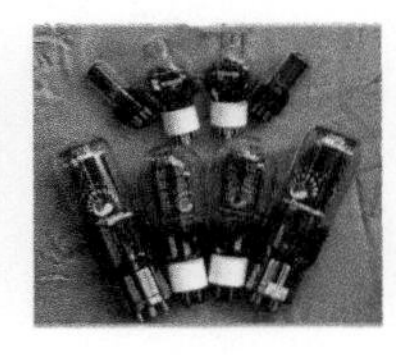

本机的用料可谓发烧，机器标配的管子是两只贵族845，两只贵族300B，两只俄罗斯6H8C，还有特别定制的球形玻璃管的豪华6SN7。虽然不全是进口品牌，但使用的国内品牌也都是国内顶尖的。胆座全部是镀金品，输出座为水晶镀金，RCA输入端子为镀铑产品，导电性好，耐氧化，耐插拔。机器内部全部使用了五色环金属膜电阻，电源滤波电解使用Nichikcon发烧品，出乎意料的是耦合电容使用了高价的战神电容。合理的电路设计，加上这些发烧材料，哪有不出好声的道理。

机器设计绝妙之处在于，一机两用。不但可以使用大功率的845胆管，还可以通过调整面板上设置的切换开关切换到211胆管状态。后级管换插211胆管，即可欣赏845老管王气势磅礴、收放自如的动态，广阔无垠，汹涌澎湃的声场。又可轻松换用211，聆听细致入微的泛音、原汁原味的音韵、层次分明的解析、弹跳律动的张力。这样的设计，为发烧友平添了无比的听音乐趣。

对胆机电路有了解的都知道，做好845单端不是一件容易的事情，直推845更是难上加难。300B直推845则是最困难的。通过试听，我感觉美星的这部MC845-C211很成功，它的声音表现相当令我满意。虽然我打开了机箱，审视了一番电路设计，但是水平所限，对电路的设计秘诀还是不明就里，更不敢在这里说三道四。我相信美星的设计师是下了一番苦功的，我也十分佩服这样的设计水平。在这里我们只能分享一下装配工艺。机器内部遥控和功能切换部分使用了PCB，音频部分全部采用了传统的搭棚方式。这部机器的线路布局既合理又有美感，很多地方值得DIY发烧友借鉴。在二维照片上体现得不太明显，看实物你会发现电路的设计很独到。我很少看到这样的设计，整机采用了分层搭棚工艺，元件和布线分了三层布局，井然有序，充分利用了有限的空间。

润泽且不失真实 03

这部胆机的声音特点是均衡、无染、真实自然的。不突出某一频段，不修饰某个部位，典型的单端甲类的饱满圆润而不油腻。解析力超好而没有石机的噪感，浑厚顺滑富有情感。既有胆机的饱满又有石机的动态，全频段充满力度。高音细腻是因为细节丰富、层次分明，不是失真的过分纤细。表现弦乐时是弓弦摩擦和琴腔共鸣高度融合的，富有感情并真实再现乐音。人声凝聚力很好，口型清晰再现，气息自然清晰，发声共鸣位置准确，犹如歌手在眼前吟唱，极富立体感。低音控制也恰到好处，速度快、潜得深、收放自如。低音大鼓收放得舒服自然，鼓槌敲击鼓面的细节，鼓皮振动加上鼓腔的共鸣和空气形成共振，弥漫在室内，使你如身临其境。我最满意的是鼓型准确，余音收得快速干净，有一种畅快淋漓的感觉。

我一直认为，音响系统最难播放好的乐器是钢琴。在钢琴边听演奏，不但细节清晰，琴音也会和身心共振共鸣。琴弦振动的泛音会充满房间，有很强的感染力。很多音响播放钢琴，好像只有基波，谐波成分很少、叮叮当当乏然无味，不感人。这台胆机在表现钢琴方面是我遇到比较满意的一个。琴锤敲击琴弦，从接触到弹跳开来的细节清晰明了，琴弦和琴体振动的声音以及丰富的泛音都和真实的比较接近。

前段时间，和两个发烧友一起去音乐厅观看了一场李心草指挥的、中国爱乐乐团演出的音乐会。演出结束后，我们找了一张同样是李心草指挥、中国爱乐乐团演奏的曲目的CD。虽然曲目有一部分和音乐厅演奏的不同，但我们还是在我的听音室完整地欣赏了一遍。还原的音乐分外感人，大家听得十分投入。播放完专辑，我问发烧友和音乐厅比有什么感受。两位都认为，和音乐厅的声音有几分接近，清晰圆润，感情充裕，有点像坐在音乐厅第10排，大家都比较满意。

规格参数：

最大输出功率：
　845管：25W×2（甲类）
　211管：18W×2（甲类）
输出阻抗：4Ω、8Ω
输入电压：300mV
输入阻抗：100kΩ
失 真 度：≤0.9%
频率响应：15Hz～25kHz±1dB
信 噪 比：88dB
输入选择：4组
输出选择：2组
功　　耗：360W
放 大 管：贵族845×2，
　贵族300B×2
　特制6SN7×2，
　俄罗斯6H8C×2
净 体 积：46cm×47cm×29cm（*W*×*D*×*H*）
净　　重：40kg

04 玩机应守住自我

这部胆机在我这里很长时间了，常常约三两个好友，泡上一壶陈年生普，边品茶边欣赏音乐。茶如人生，弦音似语，听出了感情。这篇分享稿件迟迟不愿提交，一怕写不好，误导读者朋友。二怕提交了稿件，就要归还胆机。私心太重，还想多听些时日。

通过一段时间的使用，我先总结几点注意事项：1. 机器很重，一个人最好不要随便搬动，避免伤到腰。2. 找开或关闭高低压开关时注意开关顺序，先开低后开高，先关高后关低。低压开后，要等五分钟后再开高压，延长胆管的使用寿命。3. 插拔胆管时要倍加小心，因为手抓不住管座，只能抓着玻璃泡部分插拔，要使用暗劲，避免弄坏名贵的胆管。

最后分享一点玩机心得：1. 任何一台机器，都有自己的个性，没有百搭的万能机器。2. 这台胆机素质很好，频响宽、推力足。虽然原厂胆管搭配不错，但通过换胆一定还有很大的升级余地，并且能玩出更多的花样，调出更多的效果。3. 搭配一套系统，一定要注意细节，不一定高价的就是好的，适合自己的才是最好的。

爱乐者说

听见·世界的声音

文/Alin

语言，涂染着地域的色彩，寄托着民族的情感；音乐，串联起此地与远方的追忆，以及无数绚烂的画面。随声而行，感受各地风情，这是瑞鸣音乐15年来一直坚持的理念。在本期的光盘当中，我们将与大家分享瑞鸣音乐近期的6张唱片，让我们跟随音乐的脚步，领略音乐的风景线。

《乡村之路》When you say nothing at all 尽在不言中

《世界的声音》伊帕内玛女孩 Garota De Ipanema

《春夏秋冬》壹月·重逢

《星空》秋叶

《敕勒歌》故乡

《古佳耶》黑云雀

黑云雀——《古佳耶》

《黑云雀》是一首由哈萨克族传统民歌改编而成的乐曲，它表达的是走出故乡的哈萨克游子，回想幼时童稚的歌声，宽慰思家的心。记忆中的草原、朝阳、月光映入眼帘，青草依旧，但那飞入云际的黑云雀，却觅不到归家的踪迹。诠释这曲思乡情的，不是草原的传统乐器，而是相隔万里之外的西洋乐器——大提琴、单簧管、钢琴。作为鄂温克族的女儿，著名大提琴演奏家、教育家娜木拉，用她的琴声表达了对故乡的深沉的思念，古老的歌谣诉说着而今的思念。当单簧管吹出久怀的心事，大提琴将乡音乡情一路铺陈，生命原初的家园开始在梦中隐现。才发现走遍天涯，只为早日飞回故乡壮阔的田野。

伊帕内玛女孩——《世界的声音》

世间有千百种语言，也就有了千百种用语言、声音和不同的节奏组合起来的音乐，它们在世界各地绽放光彩。专辑《世界的声音》是瑞鸣音乐以“世界的声音”为主题策划的全新力作，该专辑邀请到好莱坞编曲名家，汇集 9 种语言，由美国跨界乐团演绎、6 位女伶精彩献唱，是一张真正集合了来自世界各地的声音的专辑。本期光盘收录的这首《伊帕内玛女孩》创作于 1962 年，是一首曾风靡世界的歌曲，活力的鼓点、摇摆的钢琴、随性的口琴，展现了巴西女郎的灵魂与热情，这首歌曲将波萨诺瓦（Bossa Novaz）融入到拉丁与爵士当中，独特风情。慵懒吟唱的女声，以葡萄牙语抑扬顿挫的绵软音色，点燃心中迷情的火焰，带人重温碧空白沙中的时尚盛宴。

秋叶——《星空》

《星空》与《世界的声音》的编曲来自同一位作曲家——Josh Nelson，他出生在美国加州南部，其音乐风格清新、自然，多年来专注于爵士音乐领域，曾获得包括“路易斯·阿姆斯特朗奖”在内的众多奖项。在这张专辑的制作中，Josh Nelson 不仅负责编曲，还录制了钢琴演奏的段落。《星空》的制作早于《世界的声音》，它融合了香颂、蓝调、爵士、民谣、乡村音乐等多种音乐风格，犹如留声机一般，为我们回放着时空中的记忆。《秋叶》是一首创作于 1945 年的香颂，它由当时初露头角的未来巨星 Yves Montand，在自己初次领衔主演的电影《夜之门》中首次演唱，其优美旋律伴随后世如《廊桥遗梦》等无数电影的经典画面，于四季流转之中被反复回味。

尽在不言中——《乡村之路》

牛仔帽、旧靴子、大牧场……美国乡村音乐似乎深深地植根于许多人的内心深处，成为了一种永恒的向往。《乡村之路》似乎就是制作人叶云川自己走过的音乐之路，12 首极具代表性的“人生必听曲”，致敬着 12 位谱写传奇人生的北美巨星，这是一场关于美国乡村音乐寻根探源的时光之旅。《尽在不言中（When You Say Nothing At All）》是著名的传奇歌手凯斯·惠特利（Keith Whitley）发行于 1988 年的冠军单曲，收录在专辑《不要闭上你的眼睛（Don't Close Your Eyes）》中。然而翌年，仅仅 34 岁的凯斯·惠特利便不幸逝世，留下无尽的感伤。最纯挚的爱恋，超越时空，超越言语，驱散冬风的寒凉，送别雨夜的沉郁。让这首浪漫温馨而充满流行气息的男女对唱歌曲，以最鲜活动人的演绎，纪念每一个柔情缱绻的甜蜜瞬间。

壹月 · 重逢 ——《春 · 夏 · 秋 · 冬》

《春 · 夏 · 秋 · 冬》是以一年四时为主题创作的专辑，它如同一场精神的旅行，带给你心灵的慰藉，作曲家藤原玉郎用钢琴与乐队的相互交替，展现了四季的变幻、自然的魅力，春花秋月、夏风冬雪，一派诗情画意。藤原玉郎是一位活跃于乐坛多年的优秀的作曲家，他擅长将流行、经典音乐结合在一起，创作了大量作品。他为电影《画皮》创作的主题曲《画心》是大家非常熟悉的作品了，这首歌曲还曾获得第 28 届中国香港电影金像奖最佳原创歌曲奖。除了作曲家的身份，藤原玉郎同时还是钢琴演奏家、指挥、影视作曲家等，他频频参与中国电影作品的创作，在《画皮》之后，他还为电影《关云长》创作主题曲，他为电视剧《曹操》创作的主题曲《侠骨柔情》也在当年获得了中国澳门电视节最佳原创歌曲奖。2017 年他担任过张靓颖主演的中国电影《鲛珠传》的音乐指导，也为之编创主题曲。

故乡 ——《敕勒歌》

“敕勒川，阴山下。天似穹庐，笼盖四野。天苍苍，野茫茫，风吹草低见牛羊”，这是来自草原的声音，是关于远古的记忆。相传在很久以前，有一位名叫苏和的少年，他有一匹白色的骏马，在一场暴雨来临时，小白马为了救它的主人，自己死在了大雨中。这位名叫苏和的年轻人特别思念他的小白马，便用马尾做了琴弦与琴弓的弓毛，用马的腿骨做了琴颈，用马的头骨做了琴箱，制成二弦琴，并按照小马的模样雕刻了马头装在琴颈琴头部，“马头琴”因此得名。马头琴在成吉思汗在位期间便已流传于民间，多见于独奏、齐奏、长短调配乐、呼麦配乐、蒙古宫廷潮林哆配乐等；在现代音乐中，常与多种电声乐器、多民族原声乐器、西洋管弦、键盘等乐器配合，融洽无间。仔细聆听，在这张专辑中，除了马头琴的声音之外，你还可以找到潮尔、叶克勒和三弦弹拨乐器陶布秀尔、口弦琴、萨满鼓等古老乐器的声音。这些声音中镌刻着千百年来这片土地上的人们对草原的依恋。《故乡》是专辑《敕勒歌》中的一首即兴曲，女声悠扬的长调自由地舒展开来，马头琴与潮尔、叶克勒交相呼应，似乎在讲述着故土千年以来的故事。

用执着打造极致——混音师李金城

文/Alin

混音师，毫无疑问是一个幕后职业，更准确地说，它是幕后中的幕后。为什么这么说呢？我们有时候会看到一些媒体对于音乐制作人的采访，很多优秀的制作人对于音乐爱好者而言也都是耳熟能详的。但是，却很少有人详细讲述过混音师这个职业。对于大部分人非音乐从业者而言，混音师只是个推“推子”的，甚至于有很多人连“推子”是什么都不了解。

大家每天都能听到名种歌曲，也都知道歌曲是由词曲作者创作出来的。大部分音乐爱好者还知道在歌曲中不仅词曲创作很重要，编曲也是很重要的。但是几乎没有人知道，混音也是决定歌曲是否好听的重要因素。歌曲的好听分为两种情况，一种是歌曲本身好听，另一种则是歌曲的声音好听。这么说可能有点抽象，举个例子大家就明白了。一首好听的歌如果交给一个嗓音或者演唱技巧不佳的歌手来唱，那恐怕再好听的歌你也不会觉得好听。而一个优秀的歌手甚至可能把一首本来平庸的歌演绎到让你惊艳！歌曲里面的声音可不仅仅有歌手的，还有众多的乐器的，而这些声音是否好听，它们结合在一起是否好听，直接决定了一首歌的好听程度。

李金城，就是一位业界著名的混音师，曾为李海鹰、成龙、韩红、萨顶顶等著名艺术家和歌手制作过大量音乐作品。不仅如此，他还开办了录音棚内一对一的混音教学，并且在教学实践中开创了若干在国内绝无仅有的混音理论与应用手法。

今天，我带着对于这个行业的好奇心，走进了李老师的录音室，来探究一下这个行业背后的奥秘。

李金城的录音室名字叫作Boy Kingdom Studio（简称BK Studio）。我来的时候，他正在为独立音乐人Leo的新单曲混音。为了不打扰他的工作，我坐在录音室里等待，顺便也观察了一下他的录音室。

在李老师的工作告一段落的时候，我对他进行了一番简短的采访。

Alin：李老师，您所从事的这个行业，对于很多老百姓或者音乐爱好者而言，是陌生的，录音师我们知道，那混音师究竟是干什么的呢？
李金城（以下简称李）：混音这个行业，别说圈外人不了解，很多所谓的圈内人都不清楚。除了北上广深之外，我在全国很多省市也都有很多学生，他们很多人都向我抱怨过，在他们那边，很多编曲人和作曲人根本就没有混音的概念，觉得录完音就完事了。让他们做混音，他们会觉得，不就是把录好的东西混到一块儿吗，还要专门做很长时间，没必要吧？

Alin：对啊，我其实很多时候也有这个疑问。
李：咱们简单说几个例子你就明白了。比如，录音的时候，有吉他、贝斯、鼓、钢琴和主唱，这几种声音，谁应该更大？谁应该更小一点？如果你觉得节奏很重要，把鼓推到很大，那主唱的声音会不会听不清楚？吉他声会不会听不见？

Alin：那就是说，混音主要就是让每一个声音的大小处在合适的音量是吗？
李：调整音量的大小，被我们称为平衡，这只是混音的最基础步骤。还有大量的东西不是仅仅靠音量大小的排列就能完成的。再举个例子，一个合唱团，大家一起唱，你能听清他们每一个人的声音吗？

Alin：那肯定不能啊。
李：对，这就是因为他们绝大部分人的发声频率基本是相同的，而各个乐器之间、乐器和人声之间等，也会存在类似的问题。所以有时候你把各个轨道（每一件乐器会在录音时形成一个轨道——编者注）的音量都调到合适，还是会有很多细节听不清楚。因此，我们会使用动态处理、频率处理和空间处理等手法来改善这些问题，让你能够尽可能听清楚更多细节。
Alin：明白了，那这些处理通常会用多少时间呢？
李：每一首歌的混音，难易程度不同，按照我的工作习惯，一首歌通常会耗费 8 ～ 10 小时。其实，不仅仅是我刚才说的那些，还有情绪处理、母带处理等，这些都很耗时间，也不是我一两句话能说清楚的。

Alin：那在您看来，混音在整个音乐创作和制作的过程中，具有多大的重要性呢？
李：在我看来，每一个环节都很重要，词曲创作是无中生有，编曲同样也是，而混音就是要展现出词曲作者和歌手想要表现出来的一切想法。如果没有好的混音师，很多制作人的想法就会被埋没，甚至破坏，从而会出现混音之后还没有混音之前好听的现象。

Alin：明白了，那您一直在办的混音培训，就是在教给大家如何把混音做好是吗？
李：其实更准确地说，我想给中国的音乐事业做一份贡献。并且，我自己在教学当中，也能开拓出更多的混音思路和混音手法。有时候，学生会提一些问题，一些我都没想到过的问题，这就促使我去不断思考，不断总结。毕竟，每个人的进步都不是自己一个人能完成的，有些人靠老师，而我靠学生。所以，在这里，我也要感谢所有来参加我培训的学生，在我教会你们混音的同时，我也能够一直不断地进步。

Alin：您觉得，在音乐制作方面，中国这些年来的进步如何？
李：这个我觉得要分几个部分来说，在音乐制作方面，分为这么几个流程：编曲、录音、混音和母带制作。其中编曲和混音方面，我们的一线水准已经和世界一线水准没有差距，甚至从某些角度来说，有反超的趋势了。录音方面，我们和国际顶尖水准还是有着差距的。录音方面的差距虽然也在逐渐缩小，但是速度会慢一些。而母带处理方面就更不用说了，我国母带处理这个行业基本上可以说是一片空白，或者是处于起步阶段。

Alin：那为什么录音和母带处理这两方面我们仍然和国际水准有差距呢？
李：一个很简单的原因——资金。编曲和混音的学习门槛现在已经变得很低，基本上你有台电脑和一块声卡就能开工。或者说，最起码你用这点东西就可以开始学习。但是录音不行啊，你要有条件足够好的场地，要有各种不同的录音设备，比如，不同的人声会用到不同的话筒以及不同的话放才能搭配出好的声音。而任何一支好的话筒都在一万元到十万元之间，不是一些入门学习者能够负担得起的。好的话放更是如此，一两万元到四五万元的话放比比皆是。而且你还不能只有一只话筒和一台话放，比如我这个小录音室，给人声准备的话筒就有 6 只。这些话筒也罢、话放也罢，你只有在不断使用它们的过程中，才能越来越了解它们的声音特性，从而在你听到一个声音的时候知道该用什么设备来记录它才能得到更好的效果。但是现在很多初学者，只用一两千元甚至几百元的话筒，搭配上声卡自带的话放就开始录音了，这样录出来的声音效果肯定不会好。而且，由于没有足够好的设备，他可能根本就没有听过前期录音出来的好声音，以为好声音都是靠后期做出来的，这样就已经输在起跑线上了。母带就更别说了，一套声音品质足够的母带设备，比如一台压缩器，可能要上万美元，一台均衡器，也要一万多美元，而且不是说一台压缩器和一台均衡器就够了，通常各需要最少两三台才可以。这样的话，光是一套母带设备，最少都需要几十万元，更别说能够用于做母带的监听音箱了，从十几万元到上百万元一对都有。没有这些东西，你甚至没办法开始学习做母带。

Alin：您说的关于录音的部分，我能理解，但是母带处理方面，现在不是有很多软件或者插件可以做母带吗？用它们学习不行吗？
李：现在有很多厂商都在鼓吹用插件做母带，我在做母带处理的时候，偶尔也会用到插件，但是我只能用一个插件，如果插件多于一个，我就能明显听到声音的劣化了。前些日子，我在网上找资料的时候，看到一个视频演示如何使用某个品牌出的母带处理插件做母带。我挺感兴趣，就点进去看，他的所有处理思路在我看来都是对的，手法也都没问题，最终的结果却是——声音不对！在他一步一步的处理过程中，我就慢慢感受到声音在逐渐劣化了，而当他把最大化插件放上去的时候，所有的劣化一下子被放大，可以说，声音就彻底崩溃了。所以，如果你用软件去学习母带处理，在正确的处理手法下，你可能会得到错误的结果，听到错误的声音，这样你怎么能做得下去？

Alin：这样说我就明白了。您擅长做哪些风格的音乐？
李：基本上所有流行类别的音乐，我都做。不同的音乐风格对于我来说，只是不同的频率和动态的组合。

Alin：怎么听您这么一说，好像制作不同风格的音乐变成了一件很简单的事了？

李：本来就是这样啊。对于编曲来说，不同的风格代表了不同的织体、和声、音符排列等，但是对于混音师来说，不同的风格就是在听觉上的不同，而音乐的听觉就只有频率、动态和空间，对不对？

Alin：哈哈哈，好像还真的是这样啊。不过，现在这个行业里，大家的收费标准好像有很大不同，对于这方面，您有什么看法吗？

李：这个能有什么看法？饭馆有十元钱吃饱的，也有十万块一顿饭的，你怎么看？

Alin：您说话太幽默了。那我看有一些朋友经常说，混音收费价格和混音效果品质有关系，您觉得是这样吗？

李：每个人有每个人的需要，也自然会有相应的商业服务，这才是正常的商业流通，不是吗？

Alin：也对。你想付出什么样的价格，就代表了你打算接受什么样品质的服务，对吧？

李：对。

Alin：您这一路走来到今天，有没有很困难的时候呢？

李：有啊！我从一个一穷二白的学生走到今天，没困难不可能。

Alin：能具体说说吗？

李：说起来也很简单，所谓困难，就是没活干、没钱赚的时候啊。

Alin：那段时间您是怎么度过的呢？

李：大概 1999 年的时候，一位老大哥对我说过，只要你还没有出人头地，就要记住，在自己身上找毛病，别怪别人不成全你。所以你看，到今天我都记得这句话。没活干的时候，我就想，肯定是我做得不够好，那就拼命地去研究、去试验。我总说一句话，不要让你的耳朵妥协。做音乐，就是要做到我听到的声音就是我想象的那个样子，如果不是的话，要么是我的技术不够好，要么就是我的设备不够好。无论是哪个，都可以靠自己的努力去提升。

Alin：这番话真的让我受益匪浅啊。非常感谢您今天接受我的采访。

李：也谢谢你给了我这个表达的机会。

飘逝在白桦林中的美丽音符

文/赵建人

鸡携竹叶去，犬踏梅香来。笔者前往上海博物馆观“俄罗斯国立特列恰科夫美术馆巡回画派珍品展”归来，读新购得之商务印书馆出版的《俄罗斯抒情诗选》，品赏聆听经典俄罗斯音乐，其乐融融。

一、浪漫抒情的《天鹅湖》

一听到柴科夫斯基的《天鹅湖》那熟悉的旋律，就让我回想起自己一段难忘的青春岁月。光阴荏苒，半个多世纪一如白驹过隙。如今我珍藏的《天鹅湖》版本，竟然有十七八个之多，有CD，也有DVD和蓝光碟。而其中我最喜欢的，也是演绎最出色、音色最娇美的，无疑要数DECCA公司出品的一套两张由迪图瓦指挥、加拿大蒙特利尔交响乐团演奏的《天鹅湖》全剧录音唱片。

柴科夫斯基写作四幕芭蕾舞剧《天鹅湖》的音乐是在1876年，舞剧取材于民间传说，主要剧情如下：美丽的公主奥杰塔在天鹅湖畔被恶魔变成了白天鹅。王子齐格弗里德来到天鹅湖畔游玩，深深爱上了公主奥杰塔。王子挑选新娘之夜，恶魔让女儿黑天鹅伪装成奥杰塔以欺骗王子。王子差一点受骗，但最终及时察觉其阴谋，遂奋力抗击恶魔并战而胜之，令其魔法失效，公主恢复原形，与王子结合。舞剧有一个美满结局。此外，舞剧《天鹅湖》另有两种悲剧性结局，更为发人深思，其一为：王子与白天鹅双双投湖殉情，其他天鹅因魔法被解除而获救，重现人形，恶魔死去；其二为：王子被恶魔的魔法害死，众天鹅的魔法都没有解除，白天鹅即公主奥杰塔被恶魔带走，不知去向。除此以外，更有颇具黑色幽默的男版《天鹅湖》，这里就不去讲它了。

芭蕾舞剧《天鹅湖》的音乐，旋律优美，醉人心扉，就像一首首极富浪漫色彩的抒情诗歌，又隐含着淡淡的哀愁；其中的每一首乐曲，都十分出色地完成了对舞剧场景的抒写和对戏剧矛盾发展的推动，以及对剧中主要角色性格以及内心世界的刻画。老柴笔下的一颗颗音符充满着唯美的诗情画意，具有强大的戏剧力量，具有深刻的交响性；这是作曲家对旧有的芭蕾音乐观念进行脱胎换骨的勇敢开拓和探索创新的丰硕成果，诚系芭蕾舞剧音乐发展史上一部划时代的经典杰作。其中许多广受欢迎、传遍世界的乐曲，如：第二幕场景曲、俄罗斯舞曲、匈牙利查尔达什舞曲、意大利那不勒斯舞曲、西班牙舞曲、四小天鹅舞曲、三天鹅舞曲、双人舞曲等，都是可以永垂不朽、流芳百世的绝品佳作。这套由迪图瓦指挥、加拿大蒙特利尔交响乐团演奏的《天鹅湖》唱片，虽非俄罗斯本土指挥及乐团的演绎，但依然经典严谨，纯正纯粹，丝丝入扣，洋溢着浓郁地道的俄罗斯风味。其音质，无论从什么角度衡量都堪称Hi-Fi，尤其是第二幕中双人舞一曲中的一大段小提琴独奏，琴声宛如丝绸锦缎，光泽顺滑，散发出迷人的光华。

二、质朴奔放的俄罗斯三角琴

三角琴是俄罗斯民族独有的民间乐器，因其
腔呈三角形而得此名。俄罗斯人称之为“巴拉莱
。标准三角琴的共鸣箱表面为边长 40cm 的三
形，正中偏下处装有支弦的横码，琴的顶端镶有
m 长的琴把，上嵌骨片制作的发音品位，琴把
端略显宽大，呈倾斜状，装有 4 个或者 6 个弦柱。
奏时，可以用象牙拨动弹奏，也可以用指甲弹奏，
音量一般较小，仅适用于独奏以及家庭聚会中
律。近代以来，三角琴音乐逐渐发展，直至组成
人的乐队，加入手风琴等乐器共同演奏，表现
为丰富。我收藏的这张唱片是 Mercury 唱片公
于 1962 年在莫斯科录制的，记录了闻名世界的
西波夫国立俄罗斯民族乐团演绎的 14 首俄罗斯
典乐曲：《莫斯科郊外的晚上》《苹果树下》《晚
《野蜂飞舞》等，多么耳熟能详，多么百听不厌。
为这是第二次世界大战以后，美国录音技术高手
一次携带当时最先进的录音设备，来到苏联录制
，影响很大，十分轰动。这张唱片收藏至今，
有点历史纪念意义了。一般情况下，录唱片都
音频信号记录在原始母带上，而当年 Mercury
却别出心裁，采用一种 35mm 的磁性胶片来记
频信号，而且还用上了昂贵的“德律风根”201
，这就使得这张唱片里的音乐听起来别有一番
淳厚的韵味，充满着原始古朴的自然气息。故
我惊动了一些资深发烧友，一门心思寻寻觅觅，
搜寻 Mercury 公司出品的这一类唱片，封面上
印有 Livng Presence 和 35mm 字样的，统统都
贝。听着一首首用俄罗斯三角琴演奏的美妙乐
一种宁静悠闲、怡然幸福的感觉油然而生。随
妙动听的乐曲从奥西波夫国立俄罗斯民族乐团
艺术家们的心底里自然而然地流淌而出，半个
纪以后，通过唱片，借助音响，远在另一个国
我们依然能够从中得到美的享受，被这音乐所
地感动。

尤其是其中作曲大师里姆斯基·科萨科夫的《野蜂飞舞》一曲，演奏难度极大，号称世上最快的乐曲，一秒钟得弹 16 个音符！生机勃勃的快板，快速下行的半音阶，然后又是疾速上下翻滚的音流，生动地描绘出两群野蜂振翅疾飞、相互搏战的有趣情景！这一切竟然被这群俄罗斯演奏家演绎得热力四射，气象万千！烈焰熊熊，浩荡疾速的音流，好似滚滚春潮扑面而至，可谓“野火烧不尽，春风吹又生”！一曲《野蜂飞舞》，听得人热血沸腾！

俄罗斯真是个酷爱音乐、能歌善舞的民族，即便是在冬天，哪怕在一片冰天雪地的严寒里，热情的人们依然会在白雪皑皑的广袤大地上欢歌热舞，漫长奇寒的严冬封冻不了他们一颗颗滚烫的心，踩着欢快热烈的节拍，和着刚健灵动的旋律，音乐与舞蹈成为他们抵御严寒的快乐宣言，无论在欢庆节日或者平常聚会上，他们都要弹起心爱的三角琴，传递心中灿烂的阳光，播撒春天的信息。

三、中国中央合唱团的巅峰之作

《伏尔加之声宝典》显然是一款20世纪50年代我国中央合唱团的经典录音，由于历史的原因，指挥者的名字如今已经无从知晓，但是其高质量的合唱艺术水准却不容置疑。其中收入了《红莓花儿开》《伏尔加船夫曲》《喀秋莎》《山楂树》等9首广为流传的合唱歌曲。制作唱片时，由于采用了21世纪顶尖的SRS编码和WIZOR母带处理技术，音质极其出色，而且这张唱片的片基也是精纯富丽的全黑颜色。半个世纪前男女声合唱的声音和谐饱满、音色瑰丽、深情款款、淳厚逼真、感人肺腑，有着很强的穿透力。这歌声新鲜润泽，朝气蓬勃，听起来简直就像沾满了涅瓦河两岸田野里清晨的滴滴朝露，晶莹凉爽，闪闪发亮，清新怡人。

整个录音音场透明无暇，定位清晰极了，合唱队各声部的站位、伴奏钢琴的位置，真是历历如在眼前。唱到《伏尔加船夫曲》的高潮处，歌声音量渐增至极限，澎湃浩荡，宛如滔滔波罗的海掀起了惊天巨澜，轰然回荡在你面前！正所谓“此曲只应天上有，人间哪得几回闻？”就这样，一曲一曲地尽情品赏，我好像又回到了难忘而迷人的俄罗斯，眼前仿佛是一望无边的黑麦田。

“每逢黄澄澄的田野泛起麦浪，
凉爽的树林伴着微风歌唱，
园中累累的紫红色的李子，
在绿叶的清荫下把身子躲藏……”

——莱蒙托夫

四、一首苍凉激越的歌

拉赫玛尼诺夫的《c 小调第二钢琴协奏曲》（作品第 18 号）是作曲家在逆境中的产物。在他早期光辉的音乐创作生涯过去之后，1897 年，拉氏创作《第一交响曲》面临彻底失败，他不仅对自己的生活方式丧失兴趣，而且开始怀疑起自己的创作能力。他接着写《第一钢琴协奏曲》，又未能获得预期的成功，就连大文豪托尔斯泰对他的忠告，也没能使他摆脱消极低沉，甚至还进一步陷入了日益颓废的精神危机。他只得求助于达尔医生，医生用催眠疗法给拉氏治病。经过一段时间的心理暗示治疗，拉赫玛尼诺夫终于渐渐摆脱了精神上的困境，新的乐思在脑海中源源涌现，到了 1900 年，他终于完成了这部音乐形象极其丰富瑰丽的钢琴协奏曲。他满怀感激地在乐谱的扉页上写下了“题献给达尔医生”的字样。

这部钢琴协奏曲最引人注目的地方就是它第一乐章的引子：这时，乐队静默无声，独奏钢琴由轻至响，一下一下奏出一长串无伴奏和弦，这朦胧沉闷的音响，酷似暮色苍茫时分从远处俄罗斯教堂里传出的晚祷钟声，这钟声低沉、悠长，随着聆听者的脚步一步步走近教堂，这钟声越来越洪亮清晰，一声声，音量和力度在逐渐增强，直至管弦乐队充满感情地加入，奏起一段阴郁苍凉的旋律。

这就是第一乐章的主部主题，它扶摇直上，向着俄罗斯广袤无垠却阴霾密布的天空。就在这时，乐队突然齐奏，辉煌灿烂的音响色彩，把乐曲引向第一个高潮。前不久，我有机会去俄罗斯旅游，每当我把自己坚实有力的脚步踏在无边无沿的俄罗斯大地上，望着地平线上莽莽苍苍的白桦树林时，拉赫玛尼诺夫笔下这段充满魅力、无限深情的旋律，就会在我耳边一次次地响起，直至我感动得热泪盈眶！这一乐章的副部主题十分优美，饱含思念之情，温柔的圆号在整个弦乐组轻轻的碎弓演奏背景上缓缓吹出，优雅迷人！抒情宽广的乐句一直通向简短的尾声，全曲在突然爆发的、富有动力感的强烈节奏中结束。

在笔者非常喜欢的这段录音里，担任钢琴独奏的是美国钢琴家范·克莱本，为他协奏的是弗利兹·莱纳指挥的芝加哥交响乐团。范·克莱本的演奏技艺精湛，激情洋溢，荡气回肠，绚丽多彩，极富拉氏浪漫风格。他与乐队之间的配合水乳交融，天衣无缝。乐曲由著名的天碟录音师路易斯·雷顿在 1962 年录制于芝加哥管弦乐厅。这是一张享誉 40 多年的著名发烧碟，当年由美国 RCA 公司以 Living Stereo 品牌出版，由于当时采用电子管设备录音，钢琴的颗粒听起来亮丽扎实、掷地有声，整个乐队音场宽阔，定位准确，各种乐器的大小比例恰如其分，质感清晰，逼真自然。更值得一提的是，现在“龙源音乐”购得版权和原始母带，诚邀日本“索尼音乐”运用最新的 DSD 技术以及制作蓝光碟的高端光碟材料，限量生产制作成 Blu-Spec CD ，每张唱片都有编号，弥足珍贵。与旧版相比较，“龙源音乐”这张新版唱片的音质大幅度提升，钢琴音色听来更加纯正醇美、高贵典雅，清晰度更高，并且完美保持了原来浓郁的“胆味”，使得这张美国 TAS 上榜发烧碟老树发新枝，郁郁葱葱，更臻完美，让人一听之后，久久难以忘怀。

时代风尚与永恒价值之间的抉择

——关于泰勒曼与巴赫

文/子磬

在网络资讯发达的公元2018年，各种信息可以瞬间通过互联网被广为传播。对于音响发烧友来说，做一名古典音乐的资深爱好者，也不是一件容易的事了。十几年前，你还可以拿着音乐教室挂着的几位作曲家说话，什么巴赫、莫扎特、贝多芬、肖邦、李斯特、柴科夫斯基这些。然而时至今日，谁不知道他们呢？互联网上的短文都看腻了。谁没听过《小无》《大无》《命运》《1812》？如果没有，赶紧打开QQ音乐、网易云音乐……所以，今时今日要说自己是古典音乐的资深乐迷，你要告诉人家，你喜欢泰勒曼（Telemann，1681—1767年），而不仅仅是他的好友巴赫；你喜欢雷哈（Anton Reicha，1770—1836年），而不仅仅是他的好朋友贝多芬，他的学生李斯特、柏辽兹和弗朗克。

曾经是“老大”的泰勒曼为何现在不是了

《泰勒曼弦乐协奏曲精选1》

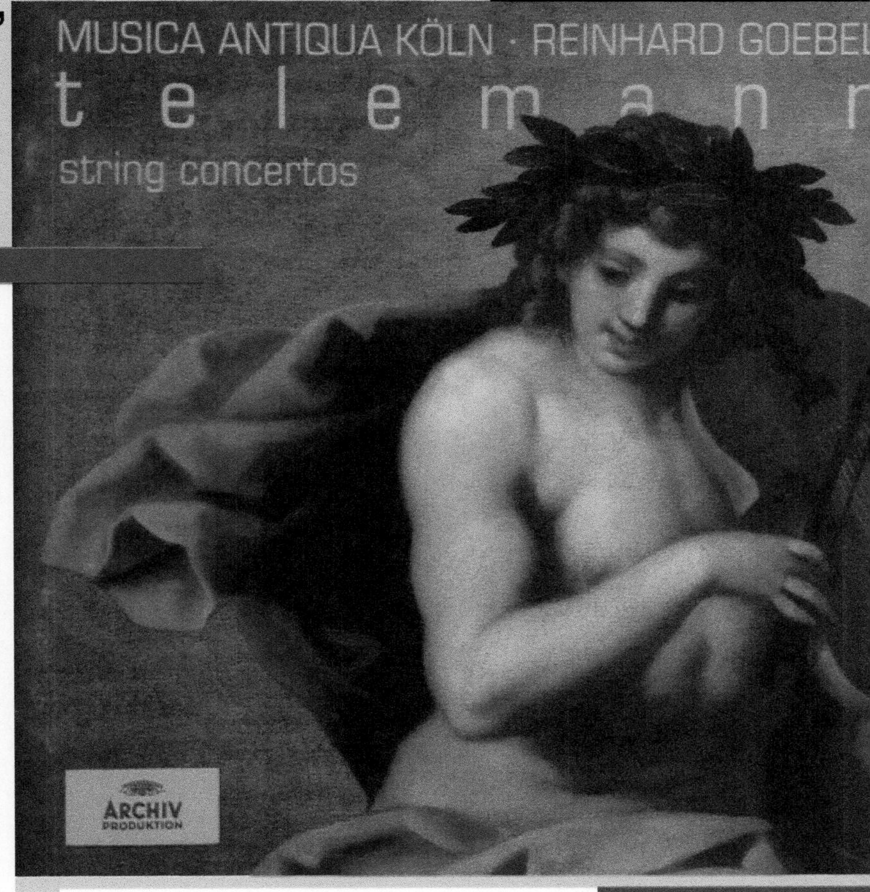

要说音乐史上最“委屈”的音乐家是谁，笔者认为非泰勒曼莫属。在巴洛克时代的德国，真正具有头号影响力的德国作曲家并不是巴赫，而是泰勒曼。1722年莱比锡圣托马斯教堂的乐监首选是泰勒曼。可是，泰勒曼不能脱身于汉堡的职位，据说汉堡方面承诺更高的薪水，才使巴赫有机会任职圣托马斯。以86岁高龄逝世的泰勒曼，留下了40部歌剧、1000套左右的管弦乐组曲、约1750部教堂清唱剧、16首经文歌、46部受难曲，以及为数众多的各种编制的室内乐，还有为不同场合而作的特别音乐。泰勒曼的作品，在数量上甚至超过巴赫、亨德尔加起来的总数。泰勒曼的作品，在当时来说是符合时代风尚、时代精神，甚至是“前卫”的。他的作曲方式更接近古典主义时期的那些作曲家们，他是巴洛克时期与古典主义时期的一座桥梁，一个“新音乐”的开拓者。他还主办了一个面向公众的音乐协会，巴赫也曾经是协会的会员。泰勒曼倡导面向公众的音乐，尤其出版了最早的音乐期刊《忠实的音乐大师》，期刊上刊登了众多音乐家们为普罗大众练习与娱乐用的曲子。

看完以上的简要介绍，大家会惊讶，泰勒曼这么牛，现在却为什么被放在一个如此次要的位置呢？古典音乐伟大的圣殿中，为什么没有把他的圣像与巴赫、莫扎特、贝多芬一起“供奉”呢？按照音乐学家阿尔弗莱德·爱因斯坦（我们熟知的那位物理学家的亲戚）《音乐中的伟大性》一书中的说法，泰勒曼属于能人（talent），而不是天才(genius)。区分能人与天才的关键是“提炼浓缩”的过程。“巴赫对他的素材的加工，就完全是提炼浓缩的过程，通过音乐的——请注意是‘音乐的’而非‘诗学的’——能量与表述，通过深刻自足的音符象征从而孕育出更有力的生命”。继而爱因斯坦评价泰勒曼：“他的多产远远超过巴赫，也像巴赫（以及后来的莫扎特）一样，他能以所有不同风格的方式创作，无论是法国风格还是意大利风格。但是，当他以这些风格和方式创作的时候，总残留一些模仿的迹象，虽然是有品位的模仿”。

音乐学家的论述比较晦涩，大家可能不太理解。再加上笔者的“断章取义”，大家或许更加糊涂了。从最简单的角度说起吧，大家可以想象一下，1000多套的管弦乐组曲，还有其他作品，这难道是从脑袋里面倒出来的？还真的很像这么回事。

从贝多芬这座丰碑开始，作曲家都习惯于精雕细琢，并且不断尝试创新，不断破而立之。但是，这种做法不是巴洛克时代所允许的。王公和主教们每周要听一首新的协奏曲或者是一套新的康塔塔，巴赫那200多首康塔塔也是这么来的。当你面对巴赫那200多首康塔塔的乐谱或者唱片的时候，你可能很快就陷入“审美疲劳”的境地，何况泰勒曼那些更为海量的作品了。目前市场上出版了几套巴赫作品全集唱片，但是，泰勒曼全集唱片的出版，似乎没有可行性和必要性。或者，假若出版了，有多少人具备足够的时间与精力全部仔细听完呢？所以，“提炼浓缩”的过程或许不是出自于作曲家自身，在当今的视角来看，应该付诸于当代音乐家和演奏家。这是一项艰巨的事业！如何在海量的泰勒曼优秀作品中，寻找出更有价值、更为永恒的曲目，其实是一件很有意义的工作。从20世纪60年代开始，音乐家逐渐为世人呈现出泰勒曼的精髓所在，泰勒曼的音乐虽然可以看作巴洛克时代的“流行曲”，但是，其中的精华还是葆有永恒价值的。在这些音乐家中，德国科隆古乐团的音乐指导、小提琴首席戈贝尔（Goebel）就是佼佼者。他在DG公司出版的那些泰勒曼音乐的作品，都是经过精心挑选的，而且仔细琢磨过其演绎方法的，从而非常值得推荐。

《泰勒曼弦乐协奏曲精选1》

Tele
mann

写到这里，细心的读者可能就会质疑，笔者是否曲解了爱因斯坦所谓的“提炼浓缩”。是的，爱因斯坦在书中强调“提炼浓缩过程与精简有关，但不等同于精简”。上文所说的“精简”工作，本来是作曲家自己完成并留给后人的，这是其一。而精简之上的真正的“提炼浓缩”呢？何谓“音乐的能量与表述”？何谓“通过深刻自足的音符象征从而孕育出更有力的生命”？

要理解这些，还真的要回过头来，从巴赫的视角去观察泰勒曼，比较与琢磨，你就会发现与理解他们的差别。又或者反过来，你从泰勒曼的角度来欣赏巴赫，你也会更加深刻认识到何谓“伟大性”。泰勒曼也写过小提琴无伴奏的曲子，他没有巴赫的“陈腐”，并没有企图用复调展现“整个宇宙的生命力与规则”。泰勒曼没有“提炼”出巴赫小提琴无伴奏组曲中的《恰空舞曲》这样高度的作品，他的作品其实更加平易近人，力图用更加“人性”的方式，呈现音乐的美感与生命力，而不是执着于对“神性”规则的追求与表述。泰勒曼所面向的群体是贵族与新兴的富裕市民阶层，他那“高雅的世俗音乐”汲取了意大利和法兰西的时尚，极具美感与魅力。但这样一来，对于象牙塔尖的学者来说，仅仅具备美感，无疑是肤浅的。如果套用科普兰对欣赏音乐 3 个阶段的定义——美感阶段、表达阶段和纯音乐阶段——来评论泰勒曼的作品的话，他的音乐是否就只停留在第一阶段呢？

《泰勒曼弦乐协奏曲精选1》

我们如何欣赏泰勒曼的音乐

泰勒曼
（G.Philipp Telemann，1681 — 1767）

若说“美感”，泰勒曼的作品可谓赏心悦目。再多的介绍文字也是徒劳，大家欣赏一下戈贝尔在DG发行的这些泰勒曼唱片吧。提高对音乐的审美，关键并不是多看书、多看介绍文章，而是多聆听。聆听泰勒曼的作品，你就会发现，真的很美！而且是那种平易近人的、舒适的、欢畅的、健康的美。大量的、美妙的音乐，就像从脑海里面直接涌出来一样，其实莫扎特也不过如此啊。

至于第二个层次——“表达”。泰勒曼的音乐貌似没有什么需要表达的。虽然巴洛克时代没有太多“情节音乐”（Programme Music，之前更多教科书把它翻译成“标题音乐”），而是“纯粹音乐”（Absolute Music）。但施韦泽在《论巴赫》中的观点是：“纯粹音乐”是一个伪命题，音乐具有天然的绘画性、叙事性和诗性。巴赫的作品，尤其是宗教音乐作品，其音乐与宗教的叙事、场景的绘画以及唱词所承载的诗意是密不可分的。巴赫通过音乐表达其宗教的激情与能量，更加提炼出所要表述的神性所在。甚至大家认为，他的宗教音乐作品已经脱离了宗教范畴，而是面向人文关怀。泰勒曼也有大量的宗教作品，但是，他的表述与能量是否就低于巴赫？这也需要聆听与学习才能领会。当然，笔者还是建议你听完巴赫的《b小调弥撒曲》《马太受难曲》和《约翰受难曲》，如果你觉得还行，颇有所得，你再去听听泰勒曼的宗教作品吧。

面向第三个层次——“纯音乐”的欣赏方面。巴赫的复调固然伟大，但是，主调音乐占据着绝大部分音乐生活的今时今日，聆听复调音乐，领略其奥妙，也不是一件容易的事情。至于从纯音乐技术方面去剖析巴赫作品的伟大，我们需要学习复调音乐教程。但该课程应是音乐学院学生们考试前的噩梦吧，更何况对于一般音乐爱好者？从复调转回主调的时间点，刚好就是以泰勒曼倡导的“新音乐”为始，至今也将近300年了。虽然，泰勒曼并没有放弃复调，但主调的回归，其实是“公众音乐”的诉求。可以看作“宗教”到“世俗”的回归。而这种回归，以及所谓的“肤浅”评价，导致如今对泰勒曼的理解明显不如他的好友巴赫。

经过以上的一番论述，或许大家对泰勒曼的音乐作品有一个概貌的认识了。关键还是聆听。比如《D大调为四把独奏小提琴而作协奏曲》（TWV40:202），这种平易近人、非常具备美感的曲子，难道不彰显“天才”的所在？又比如《G大调为两把独奏小提琴、两把协奏小提琴、中提琴与通奏低音而作的协奏曲》（TWV52:G2），这是泰勒曼、巴赫还有皮森泰尔3位音乐家友谊的见证。他们互相借鉴学习，从泰勒曼的音乐中，你可以听到巴赫；而巴赫的音乐中，其实你也知道泰勒曼的存在。众山之巅的巴赫，并不是突兀而孤立的，他有很多好伙伴，比他年长4岁，而且在他去世后又多活了17年的泰勒曼，无疑是快乐而成功的一位。大家不要错过泰勒曼的音乐哦。

final

D8000全新平板振膜耳机
— 兼备开放而饱满的自然低频 —
D8000
final
R
AFDS
Air Film
Damping System
日本制造
中国总代理：
电邮：info@ect-cn.com
电话：0755-2918 8243
微信、微博搜索ECT酷音的获取更多信息。

ADAM
PROFESSIONAL AUDIO
克瑞卡丁文

HWA
Hi-Res Wireless Audio

Klipsch
HERITAGE
LOUDSPEAKERS

美国杰士HIFI箱 Forte 上市

影音大师
Cinemaster®

JBL
娜扎的
潮流选择
JBL 品牌大使 娜扎

享声SOUNDAWARE
A300
D300 REF

X-SABRE Pro

数 字 音 频 解 码 器

同轴动圈动铁双单元HIFI耳机

SENDIYAUDIO（声迪耳机）是由国内最早的一批行业内精英团队组成，成立于2015年。M1221是旗下第一款发烧耳机产品，作为声迪首款发烧耳机，采用昂贵的全金属高精度CNC机床加工工艺，每一只都是单独雕刻，并且搭配了全新概念同轴并联动圈动铁结构。

微信搜索sendiyaudio，获取更多信息。

TEL：4009929392